世界建筑遗产

人类历史上的不朽丰碑

德国坤特出版社 编著
耿 燊 译

科学普及出版社
·北 京·

引 言

五彩斑斓的哥特式窗户、古朴简约的西妥教团修道院、风蚀衰朽的玛雅金字塔台阶、高耸入云的教堂拱顶、丰富细致的印度神庙浮雕……建筑物有着感动我们、保护我们的力量，并为我们提供祈福祷告、政治磋商和艺术表达的场所。在数千年的人类历史中，巍峨雄伟的建筑以砖石之躯长传于世，见证着王朝君主的兴衰更替、时代风格和时代精神的枯荣交织。

本图册按时间顺序，以图片形式呈现出一万多年的人类建筑史，囊括教堂与庙宇、城堡与宫殿、城墙与高塔等多种建筑形式。以精美的图片呈现建筑之伟大，以简洁的文字阐述建筑的有趣史实。谁会想到当罗马人在古罗马广场商讨国是时，墨西哥城的特奥蒂瓦坎已高度繁荣？又有谁能想到杰内大清真寺和圣帕特里克大教堂都是在12世纪末期建造的？还有谁会想到在21世纪的中国，大剧院如雨后春笋般涌现？这本书将带您纵览人类各个时代的建筑风格和建筑特色。

左侧：美国旧金山金门大桥
前页：第2-3页：梵蒂冈，城外圣保罗大教堂；第4-5页：埃及，阿布辛贝神庙；第6-7页：中国北京，国家大剧院；第8-9页：柬埔寨，吴哥窟

目录

哥贝克力石阵	015	先知清真寺	073	达勒姆大教堂	130
纽格莱奇墓	016	麦加大清真寺	074	昌昌古城遗址	132
巨石阵	019	圣索菲亚教堂	077	兰斯大教堂	135
布罗德盖石圈	020	乌斯马尔	078	圣母升天教堂	136
吉萨金字塔	022	特奥蒂瓦坎	081	托莱多大教堂	139
狮身人面像	024	乐山大佛	082	科隆大教堂	140
卢克索神庙	027	婆罗浮屠寺庙群	085	高德院镰仓大佛	142
卡纳克神庙	028	美山寺庙城	087	罗斯基勒大教堂	144
阿布辛贝神庙	030	亚琛大教堂	089	佛罗伦萨大教堂	147
阿布辛贝：哈索尔神庙	032	长城	090	维奇奥宫	148
波斯波利斯	034	丹布勒金寺	092	威斯敏斯特教堂	150
德尔菲	037	吴哥古迹	095	爱德华一世城堡	152
雅典卫城	039	伊玛目礼萨圣陵	096	阿尔比主教座堂	155
伊西丝神庙	040	伊钦卡拉	098	卡尔卡松城堡	157
佩特拉	043	皇后阶梯井	101	布拉格圣维特大教堂	159
内姆鲁特山	044	施派尔大教堂	102	皇家阿尔卡萨王宫	161
哭墙	046	比萨大教堂广场	104	阿尔罕布拉宫	162
古罗马广场	049	坎特伯雷大教堂	106	玛哈泰寺	164
弗拉维圆形剧场	050	圣米歇尔山上的本笃会修道院	108	蒲甘	166
万神殿	053	维也纳圣史蒂芬大教堂	111	姬路城	168
以弗所	054	斯特拉斯堡大教堂	113	乌尔姆敏斯特大教堂	171
科潘	057	杰内大清真寺	114	米兰大教堂	173
圣墓教堂	058	圣帕特里克大教堂	117	素可泰历史公园	175
马杰奥尔圣母堂	060	沙特尔大教堂	119	迈泰奥拉修道院	177
帕伦克	062	贾姆尖塔	120	拉帕努伊国家公园的"摩艾"石像	178
奇琴伊察	065	拉利贝拉岩石教堂	123	夏尔辛达大墓地	181
提卡尔	066	萨拉曼卡大教堂	125	古尔－埃米尔陵墓	183
圣索菲亚大教堂	068	威尼斯总督府	127	故宫	184
埃洛拉石窟	070	田野广场	128	马丘比丘	186

西斯廷教堂	188	国会大厦	246	古根海姆博物馆	305
科尔多瓦大教堂	190	齐浦尔城市皇宫	248	双子塔	306
萨克塞华曼	193	圣以撒大教堂	251	阿拉伯塔酒店	308
琥珀堡	195	城外圣保罗大教堂	252	瓦伦西亚歌剧院	311
哲罗姆派修道院	197	瓦拉哈拉神殿	254	上海环球金融中心	312
圣彼得大教堂	198	维托里奥·埃马努埃莱二世长廊	256	国家大剧院	314
埃尔埃斯科里亚尔修道院	201	维也纳国家歌剧院	259	奥斯陆歌剧院	317
雷吉斯坦建筑群	202	西班牙犹太会堂	261	谢赫扎伊德清真寺	319
塞利米耶清真寺	205	新天鹅堡	263	哈利法塔	321
克里姆林宫大教堂广场	206	伦敦自然史博物馆	264	皇家钟塔饭店	322
圣巴西尔大教堂	209	布鲁克林大桥	266	广州大剧院	324
苏丹艾哈迈德清真寺	211	维也纳艺术史博物馆	268	滨海湾金沙酒店	327
泰姬陵	212	维也纳自然史博物馆	270	世界贸易中心一号楼	328
凡尔赛宫	214	塔桥	273	东京晴空塔	330
沙·贾汗清真寺	216	基督复活教堂	274	碎片大厦	332
圣保罗大教堂	219	匈牙利国会大厦	276	乌镇大剧院	335
巴黎歌剧院	220	埃菲尔铁塔	278	哈尔滨大剧院	337
维尔茨堡宫	223	圣家族大教堂	280	迪拜歌剧院	339
布达拉宫	225	加泰罗尼亚音乐宫	282	上海保利大剧院	340
梅兰加尔城堡	226	拉什莫尔山国家纪念碑	285	珠海大剧院	342
梅尔克修道院	229	克莱斯勒大厦	286	阿布扎比卢浮宫	345
三一学院图书馆	230	帝国大厦	289	V&A 邓迪博物馆	347
拜罗伊特侯爵歌剧院	233	金门大桥	290		
维斯教堂	235	圣约瑟夫教堂	293		
舍恩布伦宫	237	巴西利亚大教堂 & 国会大厦	294		
颐和园	238	悉尼歌剧院	296		
斯卡拉歌剧院	240	拉德芳斯大拱门	298		
圣加尔修道院图书馆	243	哈桑二世清真寺	301		
曼谷大皇宫	245	东方明珠广播电视塔	303		

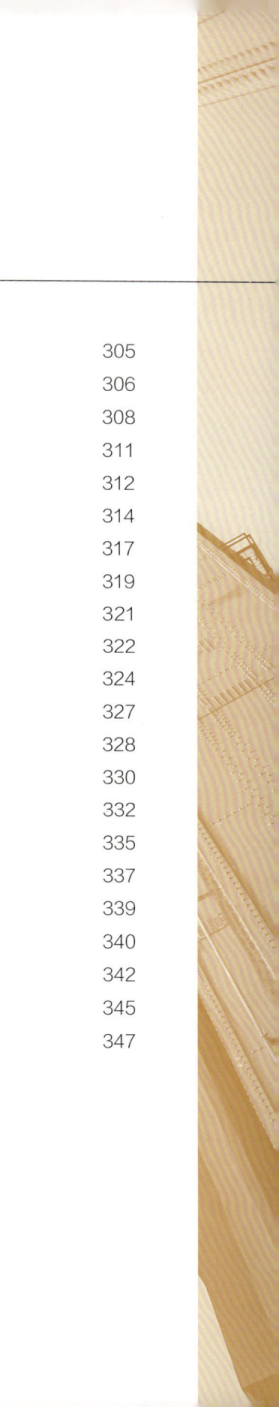

哥贝克力石阵

土耳其

约公元前 12000 年

从土耳其东南部的城市尚勒乌尔法出发，向东北方向前进15千米，比巨石阵和金字塔还要古老的"大肚山"（土耳其语：哥贝克力石阵）便矗立在眼前，而这片气宇恢宏的石阵很可能是史前时代的圣地。1963年，美国考古学家彼得·本尼迪克特发现了哥贝克力石阵，当时他认为这是石器时代的遗址。然而，直到20世纪90年代，德国考古学家克劳斯·施密特才进一步认识到石阵的重要意义。他认为哥贝克力石阵建于12000多年前，共有20多座建筑。这些建筑由圆形环绕的巨大T形石柱组成，通常有两根石柱立于圆环正中。石柱经长时间使用后被其建造者填埋，从而使上面精美丰富的浮雕图案被完好地保存下来。

纽格莱奇墓

爱尔兰

约公元前 3200 年

绿草茵茵的博因河谷蕴藏着爱尔兰文明的发祥地：都柏林以北约50千米的博因河北岸有一群史前墓穴，其中最大的三个——纽格莱奇墓、诺斯墓和道斯墓组成了著名的"博因河河曲考古遗址"，于1993年被联合国教科文组织列入《世界遗产名录》。纽格莱奇墓的直径为90米，有一条20多米长的狭窄甬道直通里面的墓室。

巨石阵

英国

公元前 3000 一前 1500 年

巨石阵于 1986 年被联合国教科文组织列为世界文化遗产，是英国最著名的史前文化遗址。据推测，巨石阵建造于公元前 3000 一前 1500 年，分四个时期修建完成。这座新石器时代的巍峨建筑的建造方式至今仍令人匪夷所思：82 块巨大的蓝砂岩可能是通过滚木运输，从威尔士的山脉经陆路和水路到达石阵所在地。石柱的位置被不断调整，最终形成现在的格局：石阵中心是由巨石排列成的两个同心圆，外圈由 17 座巨石牌坊、两块直立巨石以及一块斜立巨石构成，直径为 30 米^①。

① 译者注：巨石牌坊为两块巨石作柱，一块巨石作梁，也称"三石塔"。译者了解到的巨石阵结构与本书作者描述的略有不同：巨石阵的中心是由 30 根石柱和横梁构成一个封闭的圆圈，圈内有 5 座巨石牌坊，排列成马蹄形，现已残缺不全。巨石阵东北侧通道中轴线上矗立着微微倾斜的整块砂岩，称为"踵石"。

布罗德盖石圈

英国·奥克尼岛

约公元前 3000 年

布罗德盖石圈是奥克尼岛最神秘的一处新石器时代遗址。石圈最初由 60 块大石块构成，直径将近 104 米，石块的高度从 2 米到 4.5 米不等，如今只有 27 块残存。布罗德盖石圈的用途尚不得知，或许是当地人集会、祭祀、祈告的场所，或许是用来观测月亮以制定精确历法。夜晚时分，昏黄的巨石在海天月色下透露出一股神秘的魔力，令人着迷。

吉萨金字塔

埃及

约公元前 2600 年

4500 多年来，位列古代文明七大奇迹之一的吉萨金字塔始终让世人震撼不已。它的建造规模和完美的几何形状令人惊叹。吉萨金字塔建造于公元前 2620 一前 2500 年，是法老胡夫、哈夫拉和孟卡拉的陵墓，代表至高无上的王权。三座皇室陵墓（胡夫金字塔是其中最大、最古老的一个）和其他几座小金字塔、陵墓以及著名的狮身人面像共同构成了吉萨金字塔群。

狮身人面像

埃及·吉萨

约公元前 2500 年

吉萨狮身人面像长 72 米、高 20 米、宽 6 米，是世界上同类雕像中规模最大的一个。这座拥有人类之首、狮兽之身的巨大石像笼罩着一团团迷雾，巨型雕像的建造意义和用途至今无人知晓。一种说法是它于法老哈夫拉时期所建，用以守护哈夫拉的陵墓。研究人员认为，狮身人面像最初象征了埃及王权和神权的力量与威严，在新王国时期则象征了对太阳神的崇拜。狮身人面像的主体材料采用了当地较为普遍的基岩，因其分成数层且质地松软，故在数千年的岁月中饱受风化侵蚀。

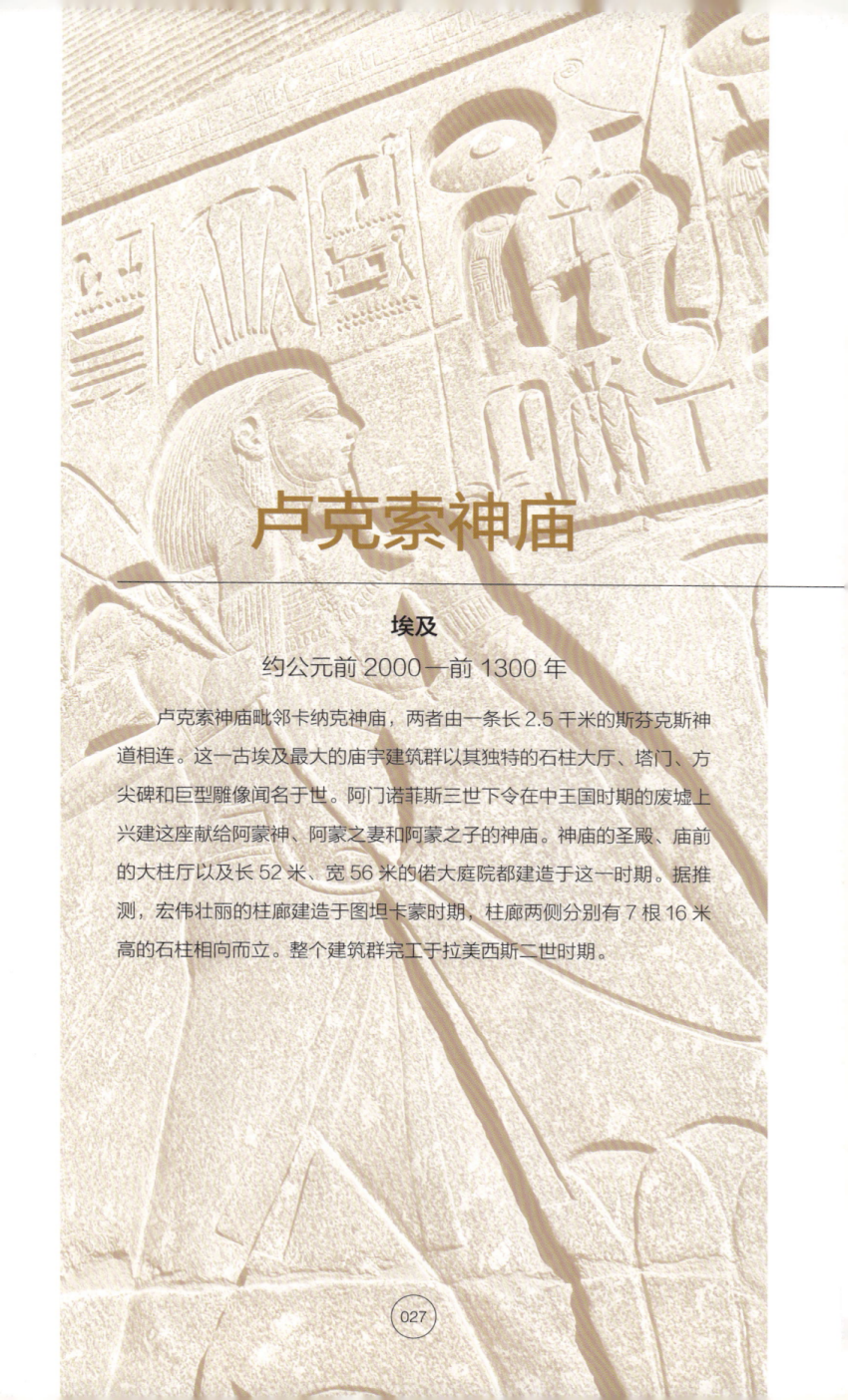

卢克索神庙

埃及

约公元前 2000一前 1300 年

卢克索神庙毗邻卡纳克神庙，两者由一条长 2.5 千米的斯芬克斯神道相连。这一古埃及最大的庙宇建筑群以其独特的石柱大厅、塔门、方尖碑和巨型雕像闻名于世。阿门诺菲斯三世下令在中王国时期的废墟上兴建这座献给阿蒙神、阿蒙之妻和阿蒙之子的神庙。神庙的圣殿、庙前的大柱厅以及长 52 米、宽 56 米的偌大庭院都建造于这一时期。据推测，宏伟壮丽的柱廊建造于图坦卡蒙时期，柱廊两侧分别有 7 根 16 米高的石柱相向而立。整个建筑群完工于拉美西斯二世时期。

卡纳克神庙

埃及

约公元前 1800 年

卡纳克神庙是新王国时期的主殿，而后逐渐发展为强大帝国的宗教中心，今天仍因其恢宏浩大的建筑规模而闻名遐迩。历代王朝的埃及君主不断在这里增修扩建，建造时间持续了1000多年。在此处树碑立传的君主数不胜数，包括图特摩斯一世、哈特谢普苏特女王、阿肯那顿和拉美西斯二世等。整个神庙被砖墙隔成三部分，其中中间的部分面积最大，达130公顷，是献给太阳神阿蒙的最高级别的神庙。神庙的砖墙高25米、厚12米；内部有不下10座塔门。

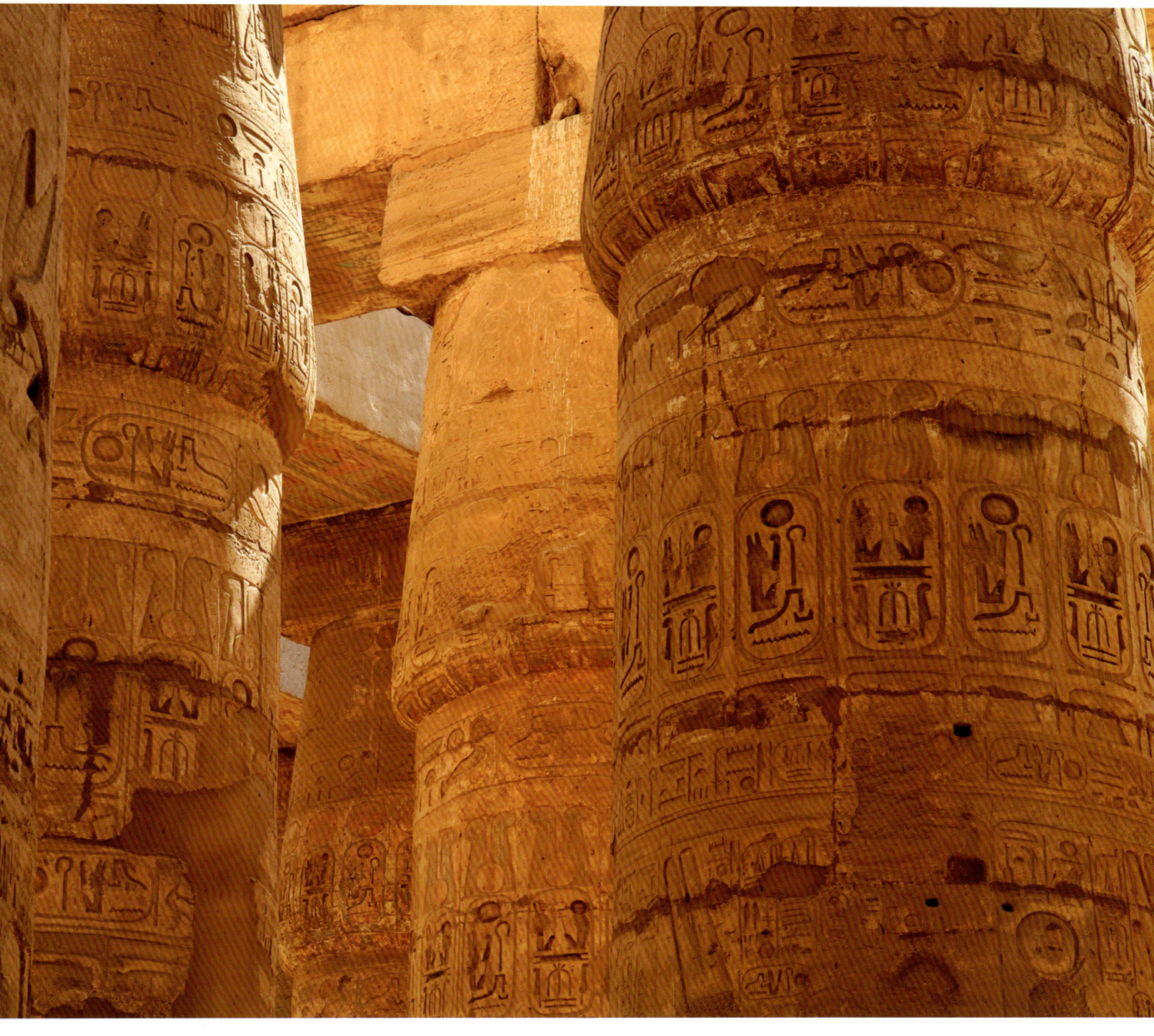

阿布辛贝神庙

埃及·阿斯旺

约公元前 1200 年

坐落在阿布辛贝的拉美西斯二世神庙是埃及乃至全世界最壮观的建筑遗产之一。门前 4 座 20 米高的拉美西斯二世巨型雕像尤其引人注目。神庙的外立面、巨型拉美西斯二世雕像以及神庙的内部结构全部是依崖凿建。1964—1968 年，因兴建阿斯旺水坝，努比亚古建筑群面临被水淹没的威胁。为拯救古建筑，神庙和其他 21 个文物古迹被分割成数块拆除后，在高出河床水位 65 米的位置易地重建，这次拯救古建筑的传奇事迹也在全世界广为流传。

阿布辛贝：哈索尔神庙

埃及·阿斯旺

公元前 1260 一前 1250 年

这座保存完好的华丽圣殿于托勒密－罗马时代在古王国、中王国、新王国的建筑废墟上建成，供奉着代表伟大母性和爱神的哈索尔，在众多的埃及庙宇建筑中独具特色。建筑师巧夺天工般的技艺一直被后人称赞。神庙坐落在 280 米见方的场地中央，四周有 10 米厚的巍峨砖墙围绕。神庙入口不见门楼，取而代之的是罗马式拱门，进入拱门后到达宏伟的柱厅。柱厅始建于提比略时期，有 24 根巨大石柱，柱顶雕刻有长着牛耳朵的哈索尔女神像，象征着天穹的大厅天花板美轮美奂，厅内精美的浮雕让人过目不忘。

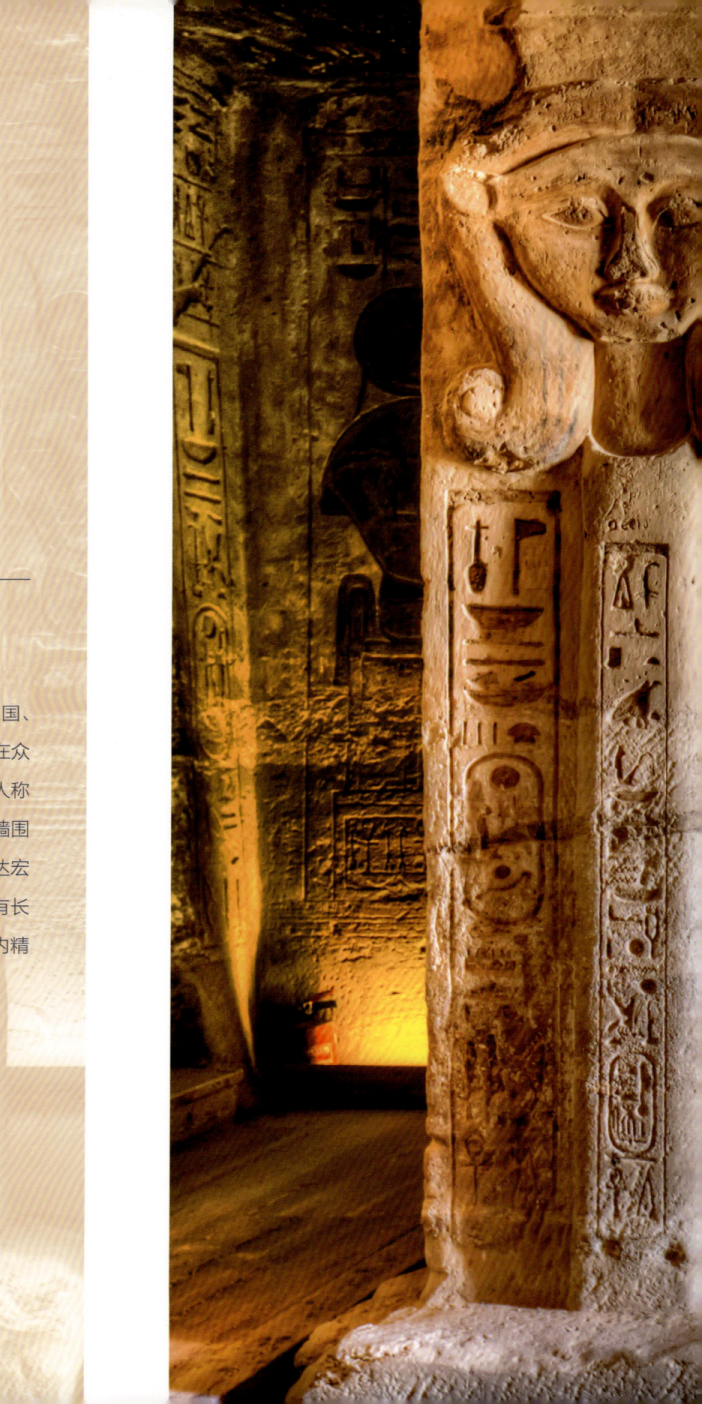

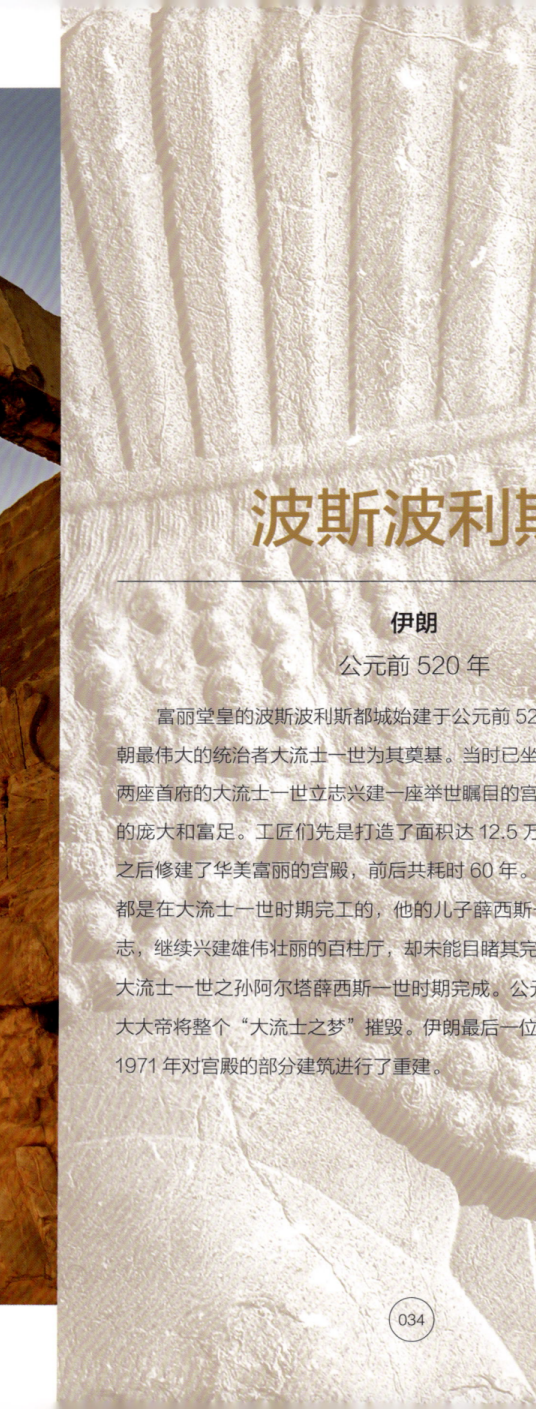

波斯波利斯

伊朗

公元前 520 年

富丽堂皇的波斯波利斯都城始建于公元前 520 年，阿契美尼德王朝最伟大的统治者大流士一世为其奠基。当时已坐拥帕萨尔加德和苏萨两座首府的大流士一世立志兴建一座举世瞩目的宫城，以彰显波斯帝国的庞大和富足。工匠们先是打造了面积达 12.5 万平方米的宫殿地基，之后修建了华美富丽的宫殿，前后共耗时 60 年。宫殿、接见厅和金库都是在大流士一世时期完工的，他的儿子薛西斯一世继承了父亲的遗志，继续兴建雄伟壮丽的百柱厅，却未能目睹其完工，整个工程最终在大流士一世之孙阿尔塔薛西斯一世时期完成。公元前 330 年，亚历山大大帝将整个"大流士之梦"摧毁。伊朗最后一位国王礼萨·巴列维于 1971 年对宫殿的部分建筑进行了重建。

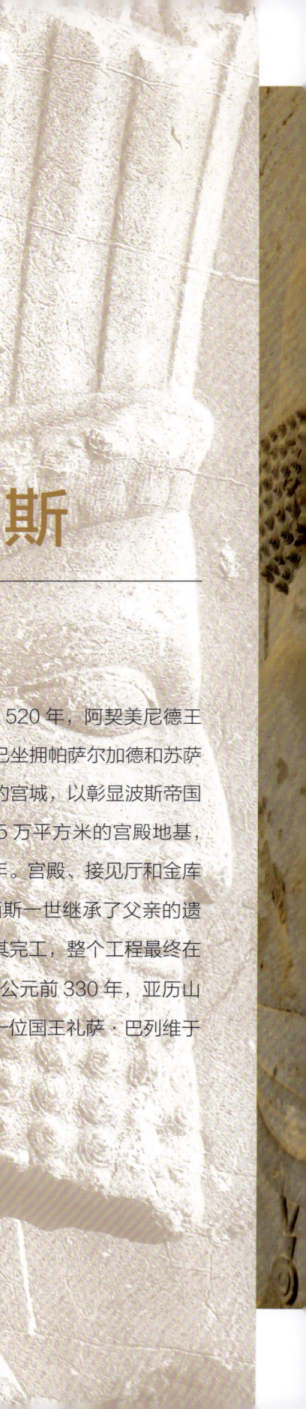

德尔菲

希腊

约公元前 500 年

公元前 590一前 450 年，德尔菲对希腊政治生活的影响至深至广。人们来德尔菲聆听教诲，守护神阿波罗通过传达宙斯的指示为人类提供指引。神谕宣示人——女预言者皮媞亚在阿波罗神庙做出神谕后，由男祭司将神谕解释给凡人听。对德尔菲遗址及附近古迹的考古挖掘始于1892年。遗址东南方向一条神圣之路蜿蜒曲折，路的两侧曾经列满朝圣者祭献的奇珍异宝和珍宝库，尽显希腊城邦之繁华。路的尽头是壮观的古剧场、雅典娜神庙和阿波罗神庙的前厅。

雅典卫城

希腊

约公元前 450 年

雅典卫城矗立着古希腊时期最恢宏的建筑群。供奉帕拉斯·雅典娜的帕特农神庙（公元前 447一前 432 年）是雅典卫城的核心建筑，为纪念传说中的雅典王伊瑞克提翁而建的伊瑞克提翁神庙建成于公元前 421一前 406 年，环绕雅典卫城的柱廊被称为"卫城山门"（公元前 437一前 432 年）。

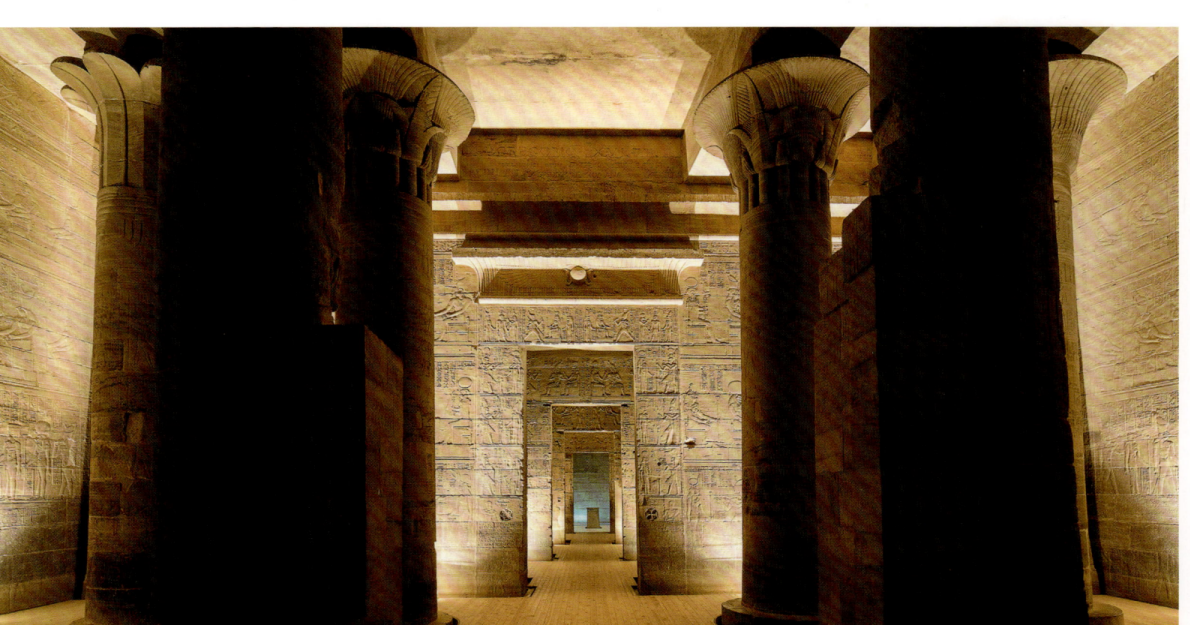

伊西丝神庙

埃及·阿斯旺

约公元前 380 一前 379 年

伊西丝神庙是尼罗河菲莱岛上神庙群的主殿，后因修建阿斯旺水坝而被洪水淹没。在联合国教科文组织拯救努比亚古建筑群的行动中，神庙的绝大部分被分割拆除，并于 1977 一 1980 年在海拔更高的阿吉勒基亚岛上依照原样重建。伊西丝神庙为供奉女神伊西丝而建，入口处有两座巨大的塔门，菲莱岛居民对女神的崇拜一直延续至公元 6 世纪。

佩特拉

约旦

公元前 169 年一约公元 4 世纪

公元前 169 年，纳巴特人选择了一块有天然屏障的区域作为他们的首都：瓦迪穆萨岩石谷盆，位于仅几米宽、200 米深的西克峡谷尽头，可谓一夫当关，万夫莫开。其最壮观的艺术成就要数摩崖雕刻的陵墓，崖壁上排列着风格不同的石柱、门楣和山墙，阿拉伯传统艺术和希腊艺术交相辉映，令人印象深刻。佩特拉于公元 106 年被罗马人占领，公元 3 世纪时成为古罗马市政辖区，公元 4 世纪时成为古罗马第三巴勒斯坦行省^{①}的大主教居住地。正因如此，人们如今可以在城市中心看见罗马式的街道以及凯旋门的建筑样式。

① 译者注：第三巴勒斯坦行省隶属于晚期古罗马帝国的东方行政区，首都为佩特拉。东方行政区包括第一叙利亚行省、第二叙利亚行省、第一巴勒斯坦行省、第二巴勒斯坦行省、第三巴勒斯坦行省，塞浦路斯行省，等等。

内姆鲁特山

土耳其·阿德亚曼

约公元前 50 年

亚历山大帝国在继承者战争中变得四分五裂，在此期间，科马基尼王国于公元前 3一前 2 世纪诞生并发展壮大。安条克一世是独立的王国科马基尼的统治者，公元前 69一前 36 年在位，他选择阿赛米娅古城附近的内姆鲁特山顶作为自己最后的安息之所，并把位于今土耳其东南部的金牛座山脉作为圣庙和众神之所，希望人们把他同天神一起崇拜。国王陵墓的三侧建有平台，那里巨大的众神雕像早已身首分离，跌落的头部被重新竖立在地面上。

哭墙

以色列·耶路撒冷

约公元 70 年

哭墙，犹太人自称为"西墙"，是公元 70 年被毁的古代希律王圣殿护墙的其中一段。卡利夫·奥马尔二世于公元 720 年禁止犹太人踏入圣殿，西墙便成为朝觐的圣物，所有的祈祷都在这里向上帝传达。安息日这天，熙熙攘攘的信徒们来这里祷告，将写有自己的愿望和感恩之情的纸条塞入墙的缝隙中。

古罗马广场

意大利·罗马

约公元前 600一公元 600 年

喜剧作家普劳图斯（约公元前 254一前 184 年）写道，"在城市中有这么一个地方，在那里你能最轻松地找到每个人"，这个地方就在居住区之外（拉丁语：foris）。这片洼地直到公元前 600 年左右才铺设了街道和排水管道，年复一年，广场变成了罗马人的生活中心。人们在这里举行宗教活动，召开政治集会，发表公共演讲，开办各种市集。很快这里便人山人海，热闹起来，也有人来这里游荡闲逛。随着公元 5 世纪罗马帝国日渐衰颓，古罗马广场上的建筑也被遗忘在历史的风尘里。

弗拉维圆形剧场

意大利·罗马

约公元 80 年

在弗拉维圆形剧场修建之前，这里曾有一座木制剧场，罗马皇帝尼禄统治时期将其修建成大理石之躯，直到尼禄的继任者韦帕芗皇帝将其建造为三层结构的竞技场，才有了明确的用途。兴修竞技场的费用来自罗马人从耶路撒冷庙宇洗劫的黄金财宝。为庆祝竞技场揭幕落成，罗马人举行了盛大的百日狂欢，在看台上人们的欢呼声中，上千头牲畜被残杀，角斗士血流成河。古罗马诗人马提亚尔在给韦帕芗皇帝的颂诗中写道："皇帝陛下，罗马在您的统治下重获新生，百姓在您的统治下怡然自娱。"

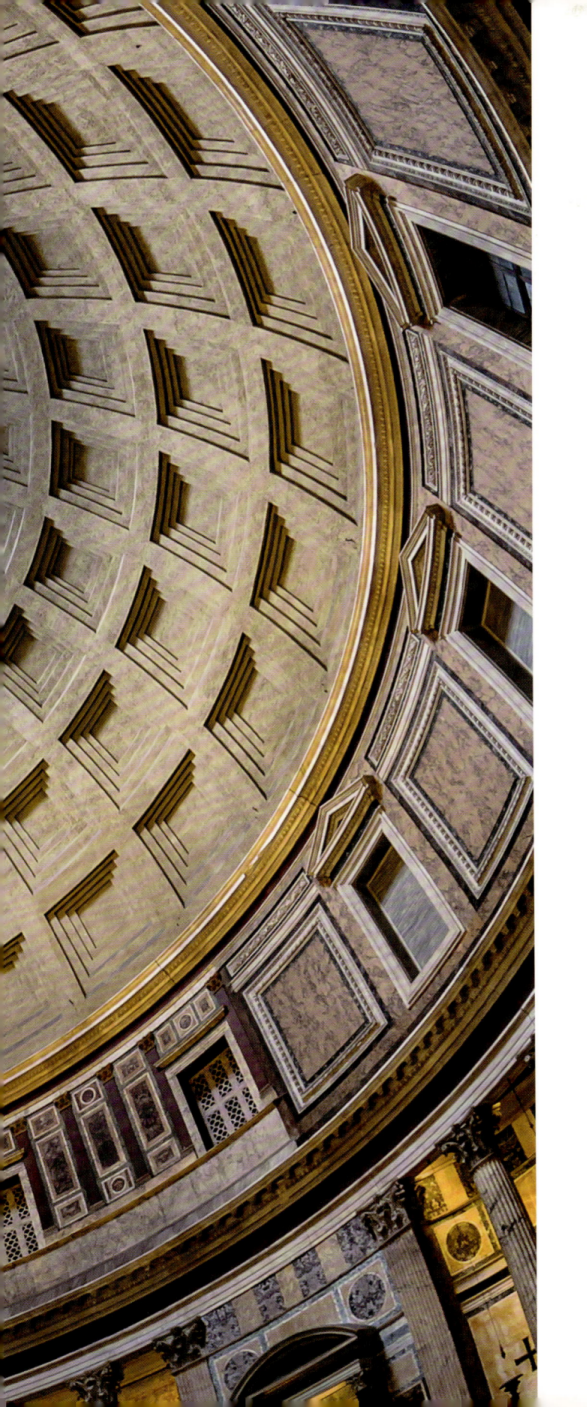

万神殿

意大利·罗马
约公元 130 年

万神殿，殿如其名，是用以供奉诸神的圣殿，命途多舛的圣殿穹顶高度与直径相同（43.4米），始建于公元前 27 年，公元 80 年在大火中被烧毁，哈德良国王统治时期（117—138年）重建。公元5世纪，万神殿作为"异教"教堂被关闭，因罗马教皇的保护而不至被毁，随即改为基督教堂。安葬在这里的有于 1520 年逝世的著名画家拉斐尔，以及意大利统一后的首位统治者维托里奥·埃马努埃莱二世，他于 1878 年在此安息。

以弗所

土耳其

约公元前 5000 年一公元 6 世纪

以弗所是古代规模最大的城市之一，于 1900 年前后被发掘出来。古城的遗址包括著名的塞尔苏斯图书馆，它曾作为公共设施向市民开放，馆内藏书超过 1 万卷。图书馆在 20 世纪 70 年代重新修缮后，雕梁画柱的外立面重现于世。沿着通往市中心的克里斯特大街可见一座宏大宽阔的建筑——哈德良神庙，为哈德良国王统治时期（117—138年）所建。

科潘

洪都拉斯

约 300 一 900 年

科潘玛雅遗址坐落于洪都拉斯西北部，占地面积约 30 公顷，在公元 700 年左右达到鼎盛，是古代玛雅王国的重要首府。该遗址直至 19 世纪才被发掘出来。位于遗址中心的"卫城"是由金字塔、神庙和平台组成的综合建筑群，其中尤其引人注目的是一座祭坛，上面雕刻了 16 位君主的塑像。象形文字石阶是科潘最著名的玛雅遗迹，63 级石阶上凿刻有约 2500 个象形文字，是至今发现的玛雅时期最长的文字记录，描述的是玛雅王国建国之初至公元 755 年石阶完工之前的历史。

圣墓教堂

以色列·耶路撒冷

公元 335 年及 11 世纪

约公元 325 年，罗马皇帝君士坦丁的母亲海伦娜巡游至一处圣所，在一座庙宇之下发现了《圣经》中耶稣受难的十字架，后于公元 335 年下令在此处修建一座基督教堂。耶稣基督的墓葬安放于耶路撒冷圣墓教堂的一个圣堂中。2016 年，封闭了数百年的圣墓教堂向研究人员开放，人们在那里发现了一块大理石，据说耶稣基督被从十字架上放下来后，就安放在这块大理石上。圣墓教堂作为神圣之地，由 6 个基督教派共同管理。

马杰奥尔圣母堂

梵蒂冈城

422－434 年及 12－16 世纪

据说教皇利贝留斯在公元 352 年梦见圣母玛利亚，并被命令在第二天早晨看到雪的地方建造一座教堂。经过几个世纪的不断增修扩建，如今这座建筑几乎成了一本融汇各种艺术特色和建筑风格的"画册"：教堂内三殿仍有教堂最初的影子。其在中世纪时期增加了钟楼，文艺复兴时期则有了格子天花板，外立面和两个穹顶则是巴洛克时期的产物。

帕伦克

墨西哥·恰帕斯
3－8 世纪

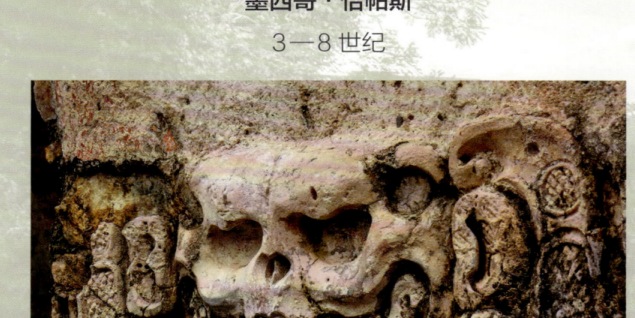

玛雅城市帕伦克建于 3－5 世纪，6－8 世纪时达到鼎盛，城市中最重要的建筑就建造于这一时期。"铭文神庙"是一座神庙和阶梯金字塔合一的建筑，神庙内的象形文字可以被破译，是玛雅最重要的传世文献。1951 年，人们在金字塔内发现了保存完好的帕伦克国王巴加尔的墓室及随葬品。此外，有一座被称作"兴趣宫殿"的建筑群，由 4 个庭院的多座建筑组成。帕伦克几乎所有的核心建筑都装饰有浮雕和灰泥花饰。

奇琴伊察

墨西哥·尤卡坦

约公元 450 年

古老而永恒的奇琴伊察位于尤卡坦半岛北部，占地面积达 300 公顷，见证了前哥伦布时期 ^{①} 高度文明的玛雅文化和托尔特克文化。在公元 10 世纪中叶，托尔特克人进入奇琴伊察，这座城市迎来第二次繁荣。也是在这个时期，玛雅建筑融合了托尔特克风格的雕塑和浮雕，代表作品有天文观测台、阶梯金字塔和"羽蛇神庙"。

① 译者注：前哥伦布时期又称"印第安时期"。

提卡尔

危地马拉·佩滕

公元前 6一公元 10 世纪

危地马拉东北部的提卡尔是玛雅最重要的遗址之一。在玛雅的古典时期（3一10 世纪），提卡尔是该地区颇具影响力的城邦。如今，淹没在佩滕热带雨林中的提卡尔，虽被密林环绕，仍印证着玛雅城邦昔日的辉煌。考古学家估计，公元 8 世纪时，仅在市中心就生活着约 5 万人。迄今为止，在这个中心城区已经发掘出 3000 多座建筑和公共设施，豪华如宫殿者有之，简易如茅屋者有之，其他建筑（如球场、运动场）亦有之。最壮观的是 6 座巨大的金字塔，其中一座高达 65 米，可位居玛雅最高建筑之列。

圣索菲亚大教堂

土耳其·伊斯坦布尔

532－537 年

伊斯坦布尔最负盛名的建筑——圣索菲亚大教堂建于东罗马时期，是古典时代晚期①最后一个大型建筑。532－537 年，皇帝查士丁尼一世在前朝建筑的废墟上建造了这座宏伟的圆顶教堂。在拜占庭帝国时期，它既是东正教的主教堂，也是皇帝加冕的地方，代表了拜占庭的至高辉煌。1453 年，奥斯曼帝国征服君士坦丁堡后将其改为清真寺，奥斯曼人用灰浆覆盖了壁画，并增添了许多附属建筑，如 4 座宣礼塔。1934 年，凯末尔·阿塔图尔克将其改为博物馆。

① 译者注：西方的古典时代一般是指古希腊和古罗马时期。古典时代晚期（Spätantike）的概念首先由德国古典学家引入，逐渐为主流学术界所接受和使用。

埃洛拉石窟

印度·马哈拉施特拉邦

约 600—1000 年

马哈拉施特拉高原地区高而陡的崖壁为玄武岩地质，特别适合建造整体式石雕寺庙。埃洛拉的所有神庙都有一个共同之处，那就是它们并不是摩崖而建，而是从整块岩石中开凿而来。神庙的承重结构、大部分装饰和雕塑均是由山岩雕凿所得。在延绵 2 千米的悬崖峭壁上，有 17 座印度教寺庙、12 座佛教寺庙和 5 座耆那教寺庙，所有寺庙都遵循类似的建筑原则，即供奉着神像的主殿屋顶高耸，象征着宇宙中心——梅鲁山①。凯拉萨神庙是埃洛拉最大的神庙，高耸的屋顶代表着神山凯拉什（湿婆神的居所）。

① 译者注：梅鲁山（Mount Meru）作为宇宙中心的概念被许多东方文化所采纳，在印度教、佛教、耆那教等宗教中都有关于梅鲁山的描述：在佛教神话中，梅鲁山被视为宇宙的中心，被称为"须弥山"（Sumeru）；在耆那教中，梅鲁山被称为"梅鲁"或"须弥"，同样被认为是宇宙的中心；在印度尼西亚的传统文化中，梅鲁山（Mahameru）被认为是神圣之山，为神明居住之地；在柬埔寨，梅鲁山被认为是神圣的中心，被称为"金山"（Phnom Kailasa），吴哥窟等古建筑群也都以梅鲁山为灵感。

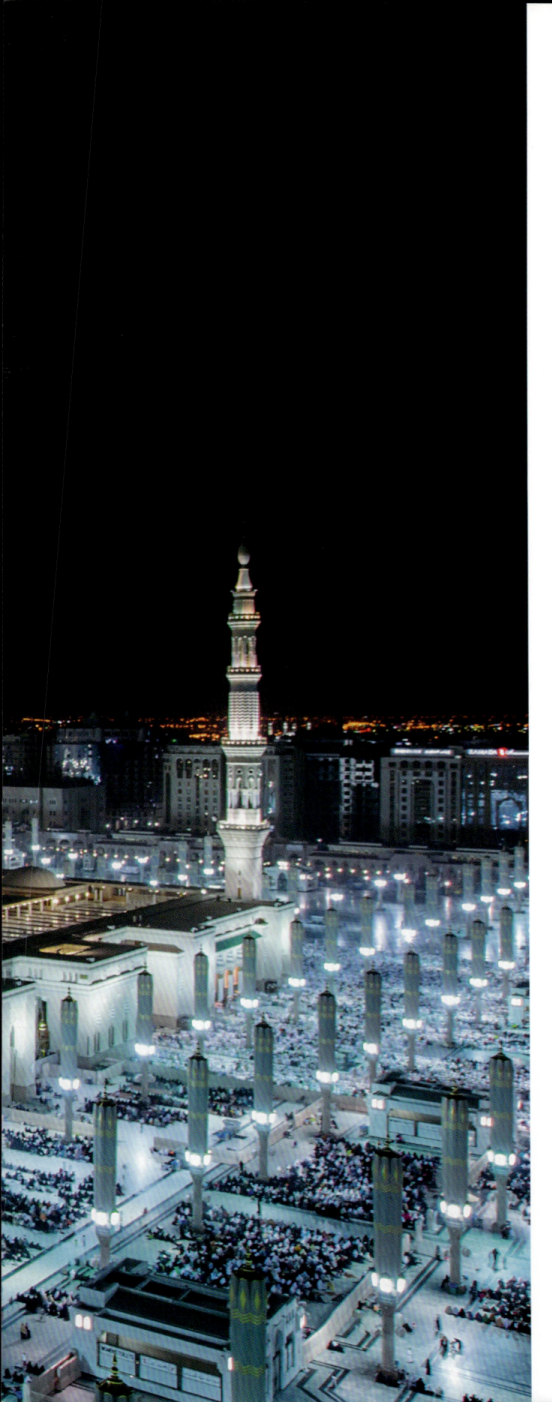

先知清真寺

沙特阿拉伯·麦地那

公元 622 年至今

先知清真寺是仅次于麦加圣地的伊斯兰教第二大圣地，拥有 10 座宣礼塔，寺内可容纳 100 多万名信徒！公元 7 世纪，穆罕默德开始在他的皇宫附近修建这座清真寺，建成后仅几年，清真寺不得不因信徒数量激增而扩建一倍。在此之后，清真寺的扩建和翻修一直持续到今天，寺中最重要的部分是位于绿色圆顶下的穆罕默德陵墓。

麦加大清真寺

沙特阿拉伯·麦加

630－1577 年

麦加大清真寺是全世界最大的清真寺，可容纳82万人。大清真寺的扩建项目完成后，预计可容纳250万人。这里是整个穆斯林世界①最重要的圣所，庇护着麦加的克尔白天房②，这座用黑纱覆盖的四方形建筑是伊斯兰教的最高圣堂，向着天房朝拜是一种崇高的祈祷仪式，因此前往麦加朝圣对于穆斯林来说意义非凡。

① 编者注：穆斯林世界（Muslim World）是2012年公布的世界历史名词，泛指信奉伊斯兰教的民族、国家和地区。

② 译者注：克尔白（Kaaba或Caaba），中国穆斯林称其为"天房"，指的是麦加大清真寺里由石头打造的"黑房子"，终年覆着黑色锦缎帷幔，上绣金色的古兰经经文。据传，早在伊斯兰教创立之前，麦加就已经有了这座"黑房子"，由亚伯拉罕创建，里面放置了一块从天而降的黑色陨石。后来穆罕默德创立伊斯兰教，"黑房子"——真主的房子也被当作了伊斯兰教的圣地。

圣索菲亚教堂

希腊·塞萨洛尼基

公元 7 世纪

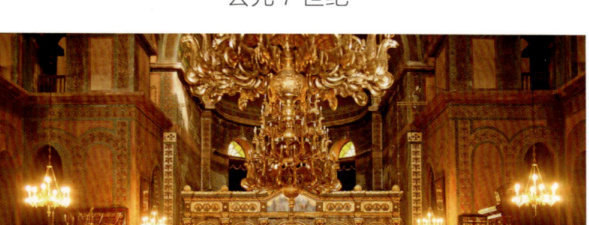

塞萨洛尼基的圣索菲亚教堂与伊斯坦布尔的同名教堂一样，也起源于拜占庭。作为该城市的一座古老的教堂，它有着 10 米高的穹顶和近乎正方形的平面布局，被认为是十字架式穹顶教堂的先驱。这座三层走廊式教堂建于公元 7 世纪，教堂的圣像图画绘于拜占庭时期，当时人们还就如何正确使用圣像这一问题发生过颇多争论。圣索菲亚教堂有丰富绚烂的壁画装饰，从 16 世纪开始至 1912 年被用作清真寺。

乌斯马尔

墨西哥·尤卡坦

8－10 世纪

乌斯马尔及其邻近地区在 8－10 世纪时是一个重要的城市中心，其标志性建筑是近 40 米高的占卜者金字塔，这座供奉雨神查克的宏伟建筑已经在早期建筑遗址上被重建了 4 次。气势磅礴的总督府矗立在 15 米高的平台上，墙面以雕有图案的石块作装饰，乌斯马尔的建筑普遍应用了这种雕饰花纹的石块。与精巧的石墙壁画相比，萨伊尔大宫雕梁画柱有过之而无不及。1200 年左右，乌斯马尔和许多玛雅城市一样被遗弃。

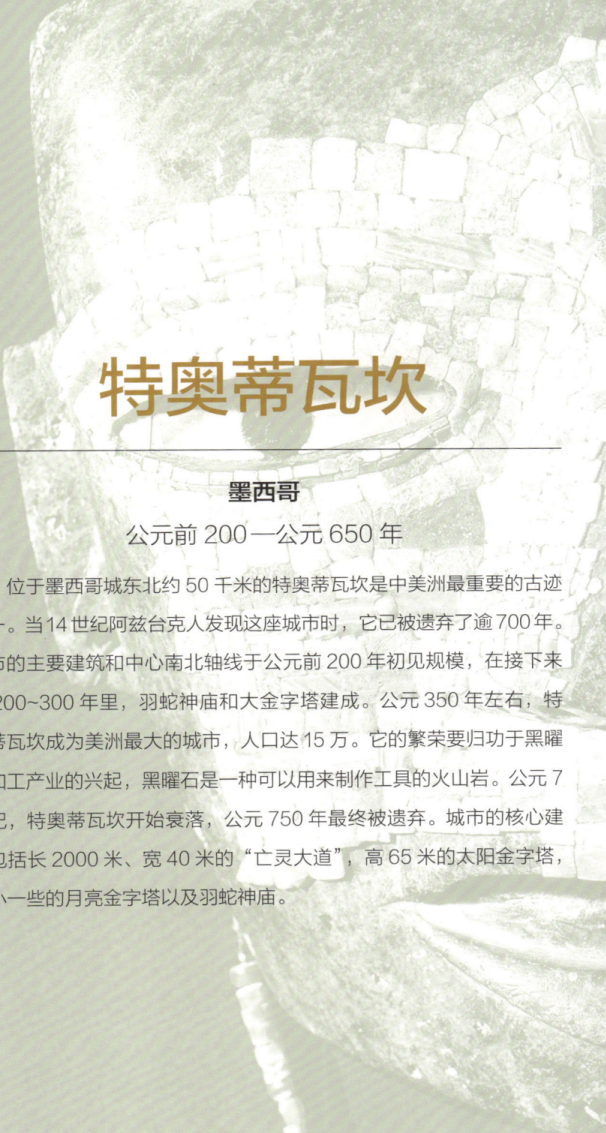

特奥蒂瓦坎

墨西哥

公元前 200一公元 650 年

位于墨西哥城东北约 50 千米的特奥蒂瓦坎是中美洲最重要的古迹之一。当14世纪阿兹台克人发现这座城市时，它已被遗弃了逾700年。城市的主要建筑和中心南北轴线于公元前 200 年初见规模，在接下来的 200~300 年里，羽蛇神庙和大金字塔建成。公元 350 年左右，特奥蒂瓦坎成为美洲最大的城市，人口达15万。它的繁荣要归功于黑曜石加工产业的兴起，黑曜石是一种可以用来制作工具的火山岩。公元 7 世纪，特奥蒂瓦坎开始衰落，公元 750 年最终被遗弃。城市的核心建筑包括长 2000 米、宽 40 米的"亡灵大道"，高 65 米的太阳金字塔，略小一些的月亮金字塔以及羽蛇神庙。

乐山大佛

中国

713－803 年

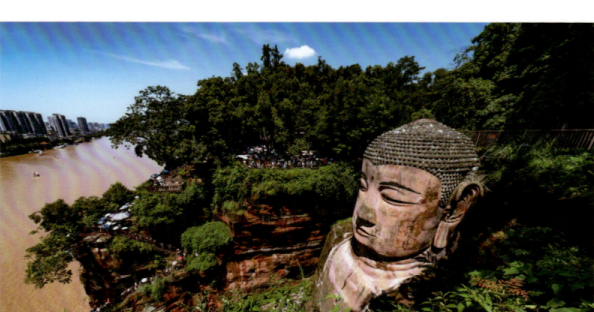

乐山三江环绕，拥有 3000 年的悠久历史，在三江交汇处端坐着世界上最大的石制大佛。最初，人们在一位僧人的领导下开始摩崖凿建大佛，前后共花了 90 年的时间。雕刻在岩石上的大佛，赤脚、垂耳、头顶螺髻。这尊佛像仅头部就高约 15 米、宽 10 米，耳长 7 米，肩宽 28 米，就连中指的长度也超过了 8 米。

婆罗浮屠寺庙群

印度尼西亚

约 750 一 850 年

婆罗浮屠寺庙群是当今世界最大的佛教寺庙群，象征着高不可攀的梅鲁山和不同高度的大千世界：欲望的世界、名与形的世界以及无形的世界。塔基为正方形，基座上有五层代表"世界"的方形平台，这里的浮雕装饰讲述了佛陀的一生以及一些古老的本生经（故事）。方台之上有三层象征"天堂"的环形平台，围绕着环形平台有 72 座舍利塔 ①，它们将顶层的主塔团团包围，每座舍利塔内都曾供奉着一尊佛像。

① 译者注：舍利塔，梵文为stupa，也可译作"窣堵波"或"浮屠"。

美山寺庙城

越南·广南
4—13 世纪

占婆王国始建于公元192年，原是中国汉朝所置的郡县，东汉末年，占族人区连杀死当地的县令，自立为王。自公元400年起，该地区在印度文化的影响下逐渐统一为一个国家。拔陀罗拔摩一世统治时期，在美山建立了第一座木制寺庙，200年后不幸被大火烧毁，他的继任者于公元7世纪建立了第一座砖石寺庙，这种建筑式样一直延续至13世纪。

亚琛大教堂

德国

793—813 年

这座宫廷教堂由奥多·冯·梅茨设计，建造于八角形的基座上，拱顶镶嵌着色彩斑斓的石块，双层回廊环绕其中。大教堂的设计融合了罗马建筑和拜占庭建筑的艺术风格，象征了查理曼大帝无所不及的权力。为了使教堂有足够的空间举行庄严的加冕仪式，同时避免前来朝圣的人们将查理曼大帝的安息之地挤得水泄不通，大教堂在接下来的几个世纪进行过多次扩建和改建。教堂的哥特式唱诗班大厅于15世纪时落成，巨大的窗户绚烂夺目。教堂很好地保留了1200年前的历史原貌，唱诗班大厅中央是珍贵的查理曼大帝的石棺，里面珍藏着阿尔卑斯山以北最珍贵的圣物：查理曼大帝的遗骨。

长城

中国

公元前 214 一公元 1650 年

长城的修砌工程持续了近 2000 年，然而在这 2000 年里它从未真正做到使国家免受外来入侵。公元前 214 年，中国的第一个皇帝秦始皇统一中国后，开始令人在北部边境修建长城，以将"北方蛮夷"拒之门外。在接下来的 1900 年里，随着如何保护农耕文化免受草原民族侵扰的问题一再出现，城墙也被一再遗弃和重建、重建和遗弃。在 15—16 世纪的明朝时期，城墙得到进一步加固和重建，形成了一座 6000 多千米长，比以往历朝历代都更宏伟、更稳固的长城。

丹布勒金寺

斯里兰卡

公元前 1 世纪一公元 18 世纪

公元前1世纪，国王瓦拉加姆巴在泰米尔第二次大规模入侵之前从阿努拉德普勒逃亡，流亡期间将一座石山的崖壁作为庇护之所，随后令人在这座黑色石山的斜坡上修建圣庙。圣庙确凿可查的历史记载共有三段，这是第一段。自此之后，这座圣庙逐渐被人们遗忘，直到12世纪时才重新被人们发现。寺庙重新修建于国王基尔蒂·斯里·拉贾辛哈统治时期（1747—1782年）。寺庙共有五个石窟，其中一号石窟叫作"天王窟"，供奉着一尊卧佛，长达14米，形制奇伟。"大王窟"在五个石窟中规模最大，最为壮观。

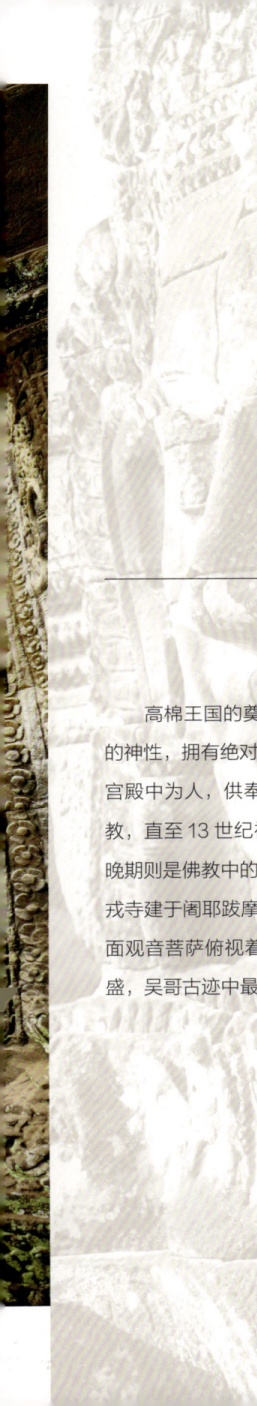

吴哥古迹

柬埔寨

9—15 世纪

高棉王国的奠基者阇耶跋摩二世于公元 802 年登基，他宣扬国王的神性，拥有绝对的神权和王权，宣称自己是天地之间的媒介：生活在宫殿中为人，供奉在寺庙里为神。高棉统治者曾先后信仰印度教和佛教，直至 13 世纪初，其崇拜的是印度教中象征毁灭之神湿婆的林伽，晚期则是佛教中的菩萨。这种转变在吴哥古城的巴戎寺中可见一斑。巴戎寺建于阇耶跋摩七世统治时期，共有 54 座佛塔，佛塔上 4 米高的四面观音菩萨俯视着众生。高棉王国在苏利耶跋摩二世的统治下达到鼎盛，吴哥古迹中最壮观的吴哥窟也于这一时期修建。

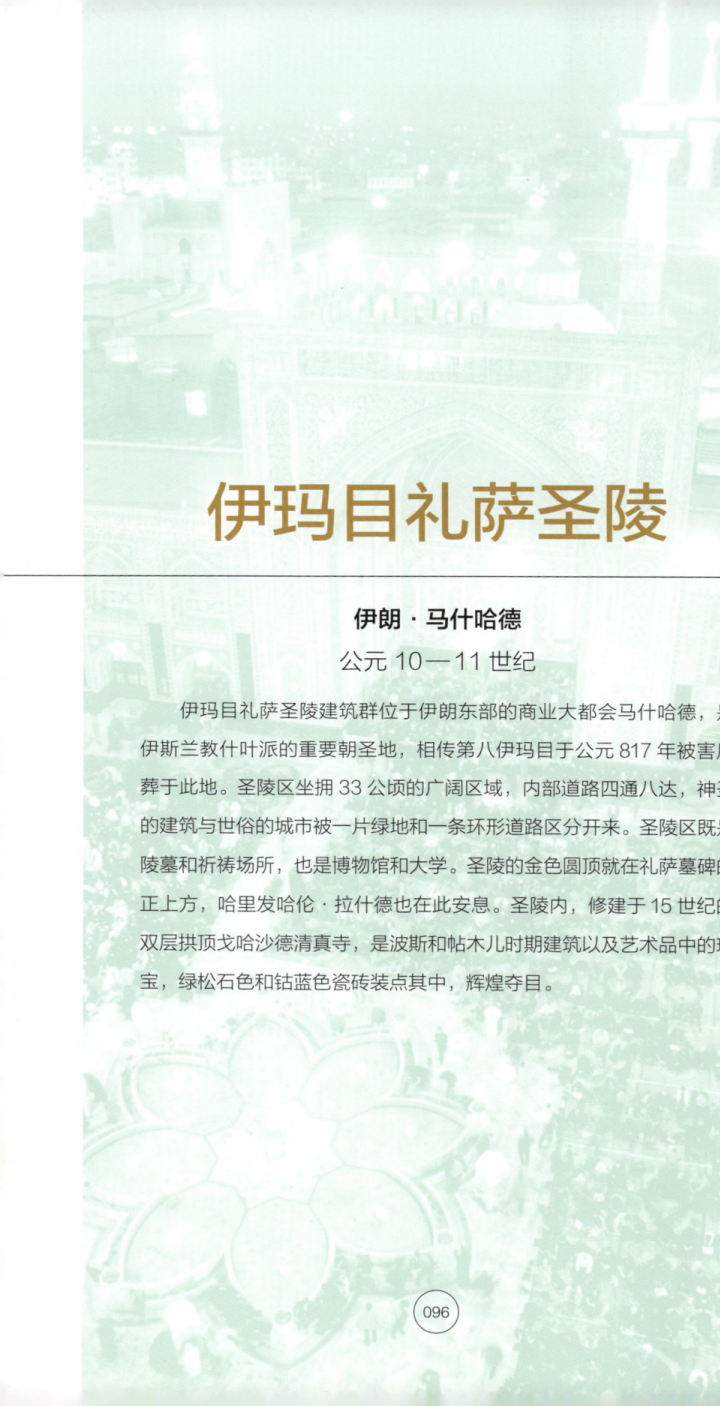

伊玛目礼萨圣陵

伊朗·马什哈德

公元 10—11 世纪

伊玛目礼萨圣陵建筑群位于伊朗东部的商业大都会马什哈德，是伊斯兰教什叶派的重要朝圣地，相传第八伊玛目于公元 817 年被害后葬于此地。圣陵区坐拥 33 公顷的广阔区域，内部道路四通八达，神圣的建筑与世俗的城市被一片绿地和一条环形道路区分开来。圣陵区既是陵墓和祈祷场所，也是博物馆和大学。圣陵的金色圆顶就在礼萨墓碑的正上方，哈里发哈伦·拉什德也在此安息。圣陵内，修建于 15 世纪的双层拱顶戈哈沙德清真寺，是波斯和帖木儿时期建筑以及艺术品中的瑰宝，绿松石色和钴蓝色瓷砖装点其中，辉煌夺目。

伊钦卡拉

乌兹别克斯坦·希瓦

公元 10 世纪

希瓦位于乌兹别克斯坦西部花剌子模州，其老城被称为"伊钦卡拉"，由土坯砖墙包围，城墙上设有堡垒和城门，与今天的土库曼斯坦边境比邻而居。伊钦卡拉是通往伊朗的沙漠中的最后一个驿站，是中亚地区伊斯兰建筑的杰出代表。在沙漠黄的基本色调下，穹顶和宣礼塔上五颜六色的陶瓷装饰熠熠生辉。这在尚未建设完成的一众塔楼中也显得尤为繁复华丽——阿明·汗经学院前的卡尔塔·米诺尔短尖塔高度为28米，据推测建成之后可达 70 米，伊斯兰·霍加的宣礼塔也十分细腻精巧。

皇后阶梯井

印度·帕坦

1063 年

在印度，水被认为是神圣的，因此水井也往往具有和寺庙相似的性质。深入地下的皇后阶梯井下别有洞天，游客可沿着七层回廊走到清凉的井水之畔。回廊的石柱雕琢细腻，井壁上各种人物、动物和神的雕像栩栩如生。地下水和雨水为西侧的圆形多层储水池提供了可饮用的生命之水，人们可以根据水位的高度从柱廊层取水。这座27米深的阶梯井有500多座雕像以及许多较小的雕塑和浮雕，展示了宗教和神话主题以及日常生活场景，是印度圣井建筑的华丽典范。

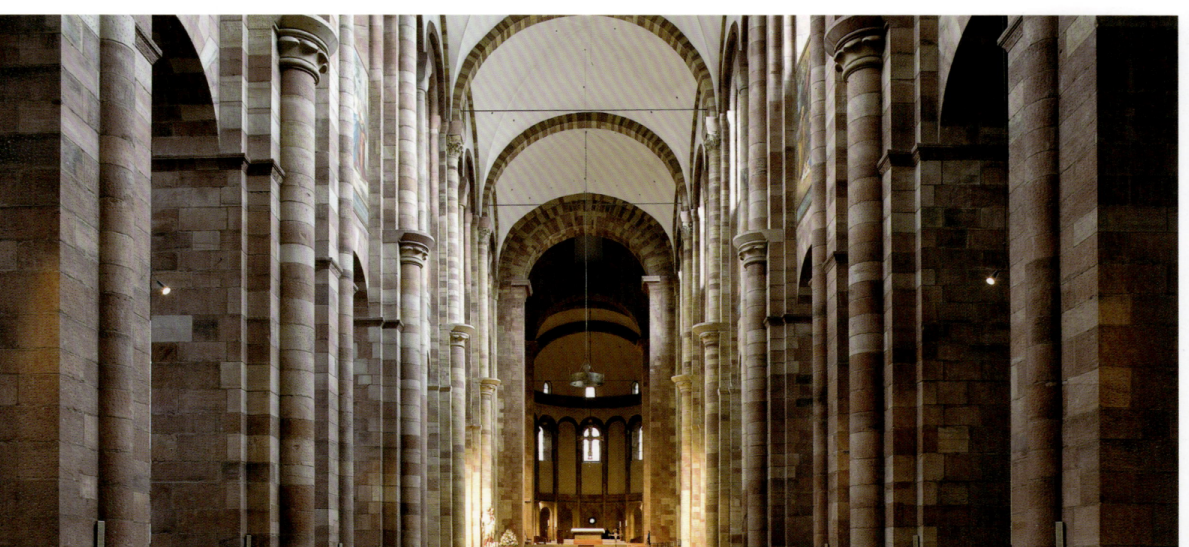

施派尔大教堂

德国

1061－1772 年

施派尔大教堂修建于 11 世纪康拉德二世统治时期，作为国王萨利安的陵墓，是当时基督教西方世界最大的教堂。然而，教堂在 1689 年的王位继承战中遭受严重破坏，于 1772 年重建，但直到第二次世界大战重新翻修后，教堂昔日的雄伟绚丽才重现于世，教堂的地下墓室部分也被认为是世界上最美丽的地下教堂之一。

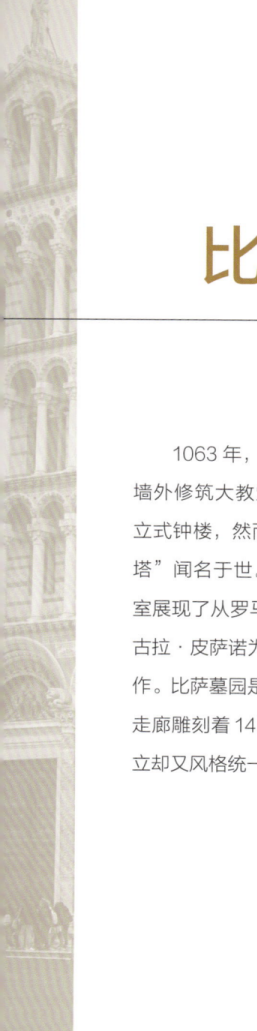

比萨大教堂广场

意大利

1063 年—15 世纪

1063 年，人们开始根据建筑师布斯凯托的设计方案，在比萨城墙外修筑大教堂。1174 年，设计师邦纳诺开始主持建造大教堂的独立式钟楼，然而，钟楼在修筑过程中开始倾斜。如今，钟楼作为"斜塔"闻名于世。由于修筑时间（1152—1358 年）过长，比萨的洗礼室展现了从罗马式风格向哥特式风格的过渡过程。1260 年，雕塑家尼古拉·皮萨诺为大教堂雕刻了布道坛，其设计精美，堪称艺术品中的杰作。比萨墓园是一座拥有拱廊的"回"字形墓地，中庭的祈祷室和环形走廊雕刻着 14 至 15 世纪富丽华美的壁画。比萨广场上的建筑互相独立却又风格统一，因此比萨广场也被人们称作"奇迹广场"。

坎特伯雷大教堂

英国

公元 597 年以及 12 世纪

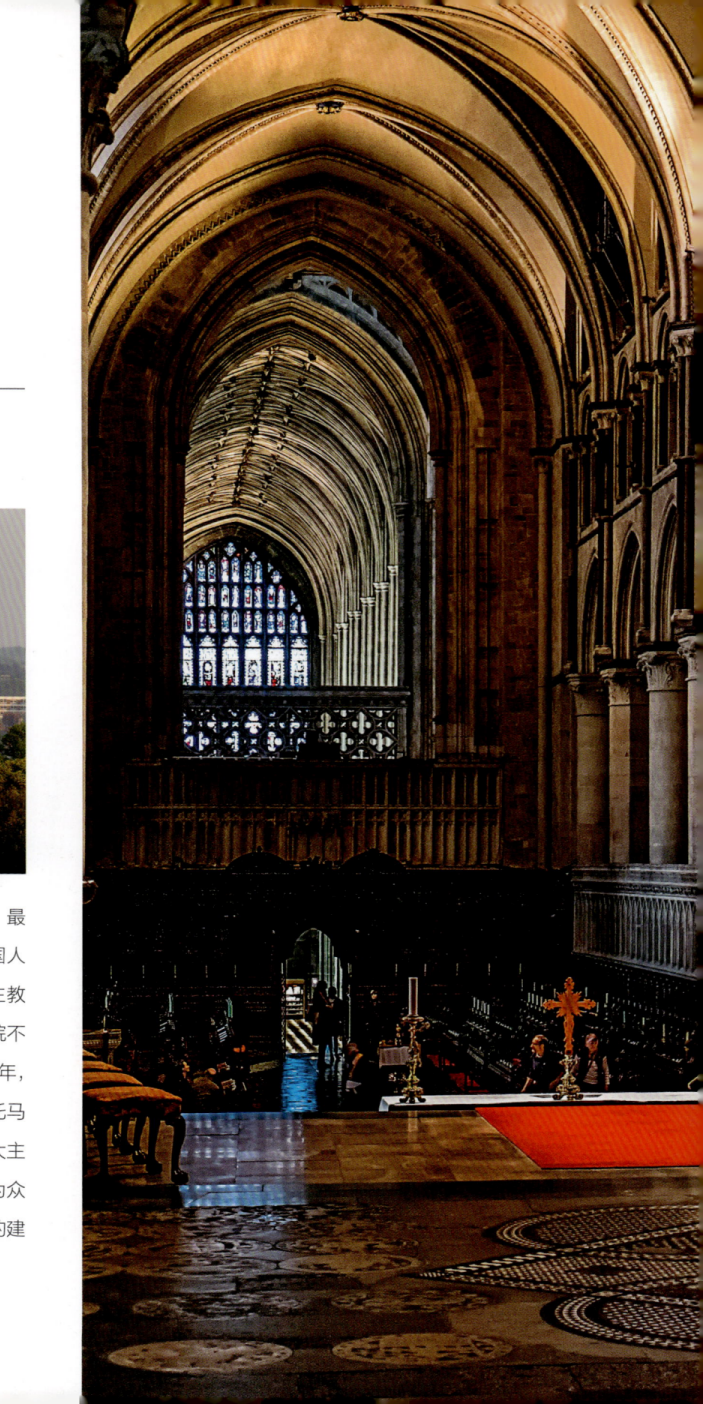

坎特伯雷大教堂自建造之初起就是英国大教堂历史舞台的中心。最初，这里是一座本笃会修道院，于公元 597 年开始修建，那时英国人在圣奥古斯丁的影响下改信基督教。后来这里成为新的坎特伯雷主教区，并逐渐发展为宗教活动的中心。然而，亨利八世统治时期修道院不幸被烧毁，遗址后来被联合国教科文组织列为世界文化遗产。1070 年，人们开始在这里修筑新的诺曼式大教堂，教堂落成后不久，总主教托马斯·贝克特于 1170 年在教堂内被忠于国王的骑士杀害。1173 年，大主教被尊奉为殉教者，其棺木也被安放在大教堂内，大教堂也因此成为众多信徒前来朝拜的圣地。1174 年的一场大火后，法国桑斯主教座堂的建筑师威廉主持了大教堂的修复工程，同时将哥特式风格引入英格兰。

圣米歇尔山上的本笃会修道院

法国

公元 10 一 16 世纪

在英吉利海峡距离诺曼底海岸约 1 千米的岩石小岛上，高高的圣米歇尔山之巅坐落着本笃会修道院，它也因位于雅各布之路而意义非凡。公元 708 年，身为圣徒的阿夫朗什镇主教奥伯特看到布列塔尼边界的潮汐岛上有异象显现，并报告称大天使米歇尔曾在这座岩石小岛上三次显灵，要求主教建立一座圣所奉献给他——这就是圣米歇尔山上的本笃会修道院历史故事的由来。

维也纳圣史蒂芬大教堂

奥地利

1137—1433 年

维也纳无可比拟的建筑遗产——圣史蒂芬大教堂是这座城市最耀眼的明星，当地人亲切地称之为"小斯蒂夫"（Steffl）。这座教堂拥有750年的历史，是石匠们用2万立方米砂岩创造的艺术杰作。教堂西侧仍保留着原圣史蒂芬大教堂的罗马式风格，其余部分则呈现出哥特式风格。最引人注目的是大教堂大南塔，塔高136.7米，位列欧洲第三。沿343级梯台而上，可达教堂顶部的塔楼室，将城市全貌尽收眼底。这番迷人的景象连阿达尔贝特·施蒂弗特 ① 也忍不住连连赞叹。庄严而神圣的教堂收藏着无数珍贵的艺术瑰宝。

① 编者注：阿达尔贝特·施蒂弗特（Adalbert Stifter，1805—1868），奥地利小说家。

斯特拉斯堡大教堂

法国

1015 年以及 13—14 世纪

斯特拉斯堡大教堂始建于公元8世纪，原为罗马时期的一座城堡。11世纪，原罗马式教堂被一场大火烧毁，人们在废墟上建起一座宏伟的三廊式大教堂，并自12世纪起陆续对这座教堂进行了数次扩建，教堂的建筑风格也因此以其独特的方式体现了从斯陶芬王朝罗马式盛期向法国哥特式盛期的演变历程。这座鬼斧神工的大教堂以红色砂岩石料筑成，教堂内的雕塑作品创作于13世纪，可谓巧夺天工。1772年，在《论德国建筑艺术》一文中，大诗人约翰·沃尔夫冈·冯·歌德曾对大教堂赞叹不已。直至19世纪晚期以前，142米高的哥特式尖塔一直是世界上最高的教堂塔楼。

杰内大清真寺

马里

1180—1330 年以及 1907—1909 年

杰内位于尼日尔河支流巴尼河河岸上，历史上通过水路运输与廷布克图保持着密切的贸易往来。桑海帝国（15 世纪）占领杰内后，也依旧商贸繁华、文化繁荣。大清真寺建筑群拥有一堵 2.5 千米长的土墙、带有多层尖顶城堡的宫殿以及一座大清真寺。大清真寺于 19 世纪末被拆除，并于 1907—1909 年按苏丹–萨赫勒式黏土建筑的风格重建。

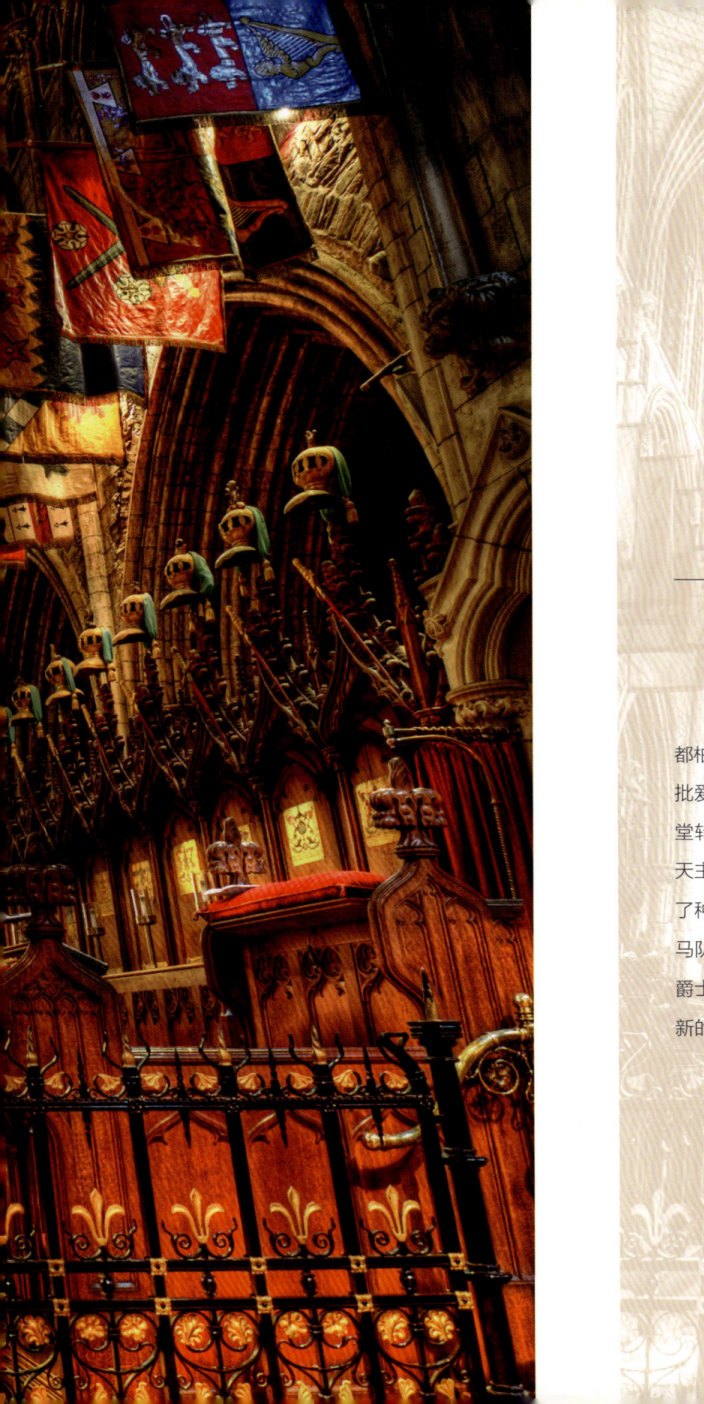

圣帕特里克大教堂

爱尔兰·都柏林

1191—1270 年以及 19 世纪

据传，圣帕特里克大教堂始建于 1191 年圣帕特里克日。它坐落在都柏林中基督教起源最古老的地方——公元 5 世纪，圣帕特里克为第一批爱尔兰人施洗之所。1558 年，伊丽莎白一世即位后，这座基督教教堂转为新教教堂，从那时起，这座长 93 米的爱尔兰共和国（95% 为天主教徒）最大教堂里，开始实行英国国教礼仪。在此之后，教堂历经了种种磨难，在 1649 年的爱尔兰战役中被奥利弗·克伦威尔用来驻扎马队，后来又遭受严重的风暴和火灾。直至 19 世纪，本杰明·吉尼斯爵士慷慨资助教堂的修复工程后，教堂才重获昔日光彩，并有了如今崭新的哥特式外观。

沙特尔大教堂

法国

12—13 世纪

位于巴黎西南部的沙特尔大教堂是厄尔－卢瓦尔省首府的标志性建筑。这座三廊式的圣堂拥有耳堂、五廊式唱诗班大厅以及众多环绕四周的小礼拜堂，被认为是较早的纯哥特式建筑，著名的兰斯大教堂和亚眠大教堂皆以它为原型。沙特尔大教堂始建于12世纪，于1260年竣工。大教堂的西门建于1140年，具有哥特式早期的建筑风格，奇迹般地经受住了1194年的一场大火而屹立不倒。唱诗班大厅下方为法国最大的罗马式地下墓室，安放着圣菲尔贝尔主教的棺木（1024年）。在大教堂的建造过程中，飞扶壁等新建筑技术的引进使教堂得以拥有面积巨大的玻璃窗，而12—13世纪大型彩绘玻璃窗的出现，为教堂增添了独特的色彩。

贾姆尖塔

阿富汗

12 世纪

在恰赫恰兰市以西的兴都库仕山区，哈利路德河的河谷间矗立着世界第二高砖石尖塔——贾姆尖塔，该塔建于1194 年，塔高65 米，装饰着繁复而华丽的陶瓷瓦块。据说，建造贾姆尖塔是为了纪念一次军事胜利。它也是12—13 世纪古尔王朝统治该地区的历史见证，其深远影响一直延伸至印度次大陆，德里的古德扑尖塔就是以贾姆尖塔为原型建造的。古尔王朝衰落后，贾姆尖塔也逐渐淹没在历史的尘埃中，直到1957 年才被一支考古探险队再次发现。

萨拉曼卡大教堂

西班牙

12 世纪以及 16 — 18 世纪

萨拉曼卡拥有新、旧两座主教座堂：罗马式旧主教座堂建于 12 世纪，拥有珍贵壁画；哥特式新主教座堂建于 16 — 18 世纪，融合了多种建筑风格。走出旧主教座堂后，可以从小庭院的入口直接进入新主教座堂。建于 12 世纪的旧教堂是少数保存完好的罗马 - 拜占庭式教堂建筑之一。1513 年，人们在建造新教堂时，也综合考虑了旧教堂的建筑风格，因此新教堂兼具晚期哥特式和巴洛克式两种建筑元素。

威尼斯总督府

意大利·威尼斯

12—13 世纪以及 14—16 世纪

位于威尼斯集市的总督府曾作为总督官邸、市政厅、法院和监狱使用。总督府拥有三翼式建筑结构，内庭有罗马凯旋门式拱门和摆放着巨大雕像的宏伟楼梯，大议会厅的墙上挂有丁托列托的大幅油画——《天堂》（1588年），天花板装饰有保罗·委罗内赛以赞美威尼斯为题创作的壁画。这两位艺术家的其他作品在威尼斯的学院广场上也能见到。内庭中镶有镀金浮雕的黄金楼梯也同样值得一游。

田野广场

意大利·锡耶纳

12—14 世纪

田野广场呈半圆形，位于锡耶纳市政厅前，周围皆是贵族官邸。它不仅在锡耶纳的历史中扮演着重要角色，也是深受当地人和游客喜爱的聚会地点。1956年，田野广场成为意大利官宣的第一个步行区。田野广场的市政厅建于1297年，与佛罗伦萨的韦奇奥宫几乎同期开工，是一座用石灰和砖石砌筑而成的宏伟宫殿。市政厅的曼吉亚塔楼（1325—1348年）高102米，与雅各布·德拉·奎尔查创作的欢乐喷泉（1419年）相对，是过去人们打水的场所。

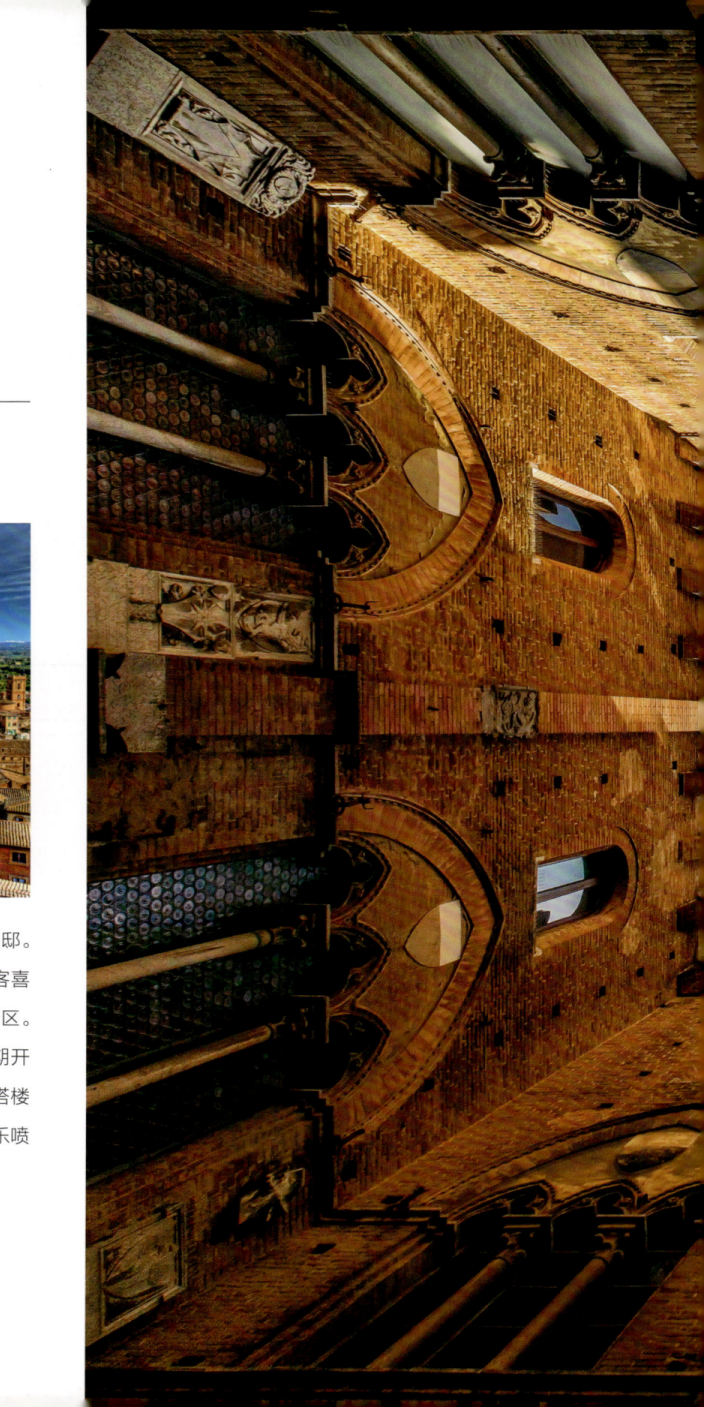

达勒姆大教堂

英国

11－12 世纪

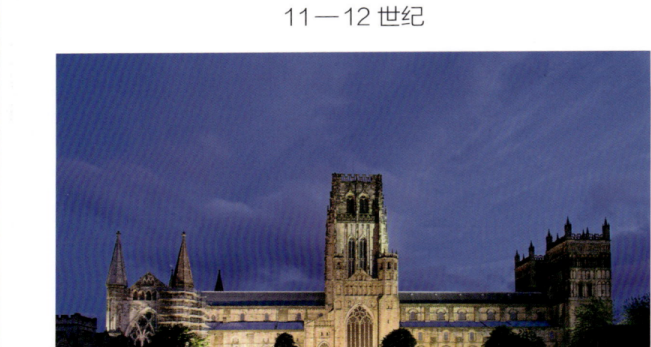

在苏格兰和诺森布里亚，人们对诺曼人绝非亲和，就连教堂也时刻准备着防御北方的侵略。正因如此，达勒姆大教堂在1093年修筑之时也采用了防御性的设计。这座教堂的独特之处在于，它最早采用了有肋交叉拱顶和飞扶壁结构——这种结构在后来的哥特式教堂中得到了广泛应用。圣卡斯伯特^{①}的遗骨也安放在此，教堂北侧的门上有供寻求庇护者敲击的门环。达勒姆大教堂是罗马式向哥特式过渡时期最精美的建筑之一。与其他哥特式建筑相比，教堂的中堂相对较低较长，这便是英国哥特式建筑的独特之处。

① 编者注：圣卡斯伯特（St. Cuthbert），林迪斯法恩修道院主教。

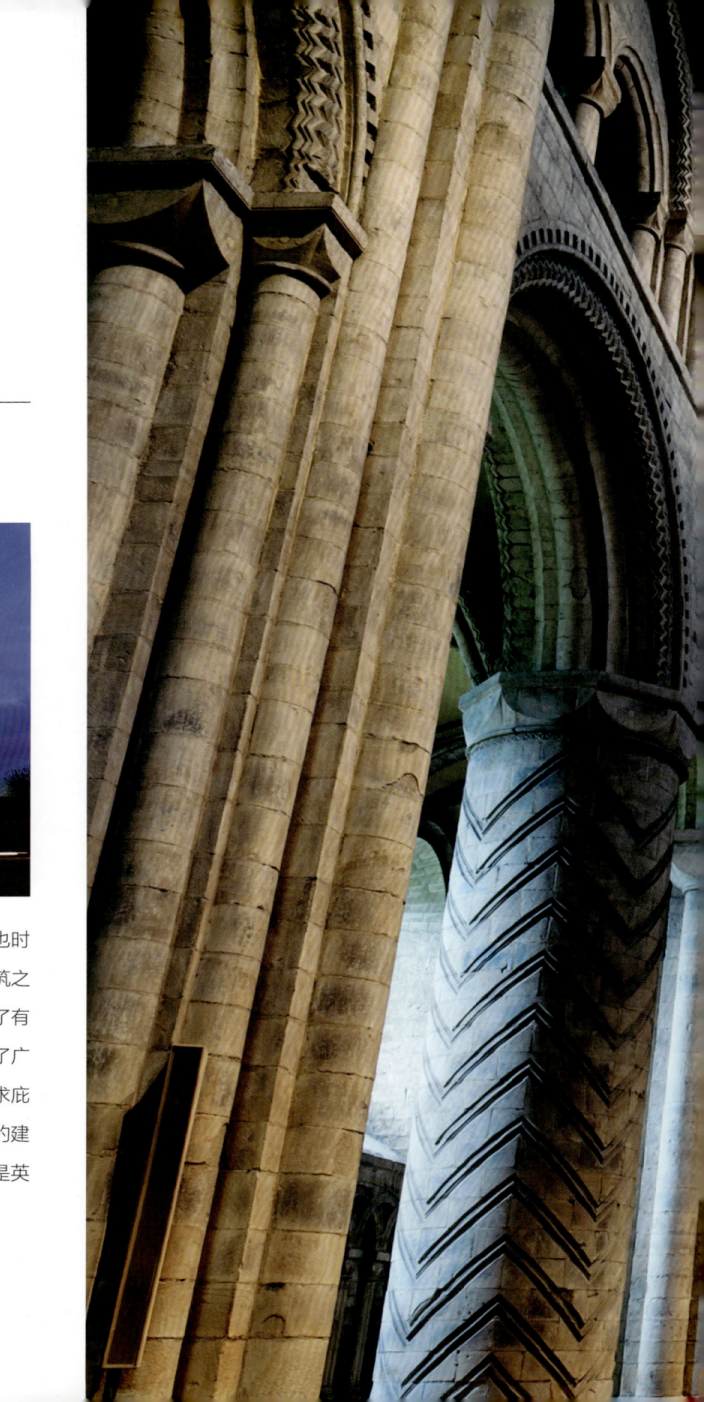

昌昌古城遗址

秘鲁·瓦努科

约 1300 年

昌昌古城不仅是前哥伦布时期南美洲最大的城市，也是 1200—1470 年秘鲁北海岸奇穆文明的文化遗产。杰出的城市规划反映了当时奇穆文明的政治和社会结构。昌昌古城是奇穆王国的都城，位于今特鲁希略附近，面积达 20 平方千米，在 15 世纪发展到顶峰，其城市建筑大多用黏土和沙砾筑成。

兰斯大教堂

法国

1211 一 1311 年

作为法国著名的哥特式教堂和法国国王举行加冕大典的场所，兰斯大教堂的历史地位非同一般。它最初是一座卡洛林风格的教堂，却因一场大火被烧毁。1211 年，人们开始在废墟之上修建新教堂。14 世纪初，哥特式鼎盛时期的三廊式教堂拔地而起，但由于教堂西侧立面工程经多位建筑大师之手，所以一直持续到 15 世纪才竣工。教堂内中世纪的雕塑美轮美奂，尤其是三个门廊和玫瑰花窗下的皇家长廊，雕塑装饰别具一格。1914 年，大教堂在德军的炮击下遭受重创。1974 年，画家马克·夏加尔为大教堂设计装饰了精美的玻璃花窗。

圣母升天教堂

波兰·克拉科夫

13—15 世纪

圣母升天教堂坐落于克拉科夫中央集市广场的东北角，两座塔楼一高一低，直插云霄。教堂建于13—15世纪，作为克拉科夫老城的一部分，被联合国教科文组织列为世界文化遗产。这是一座哥特式风格的三廊式教堂，只有走进去之后才知其宏伟所在：最先看到的是中廊和唱诗班大厅，在熠熠生辉的柱梁和拱门之上，金碧辉煌的拱顶如繁星闪烁的夜空；唱诗班大厅尽头的彩色玻璃窗下是纽伦堡雕刻大师维特·斯托斯创作的祭坛，拥有约200个2.7米高的镀金雕像，是晚期哥特式雕刻艺术的杰作。

托莱多大教堂

西班牙

1227—1500 年

托莱多大教堂是托莱多的地标性建筑，被认为是西班牙的第一座大教堂。早在11世纪，这里原是一座为摩尔人建造的清真寺，但卡斯蒂利亚和莱昂的国王斐迪南三世在13世纪下令拆除这座异教圣殿，之后于1227年为新的大教堂奠基。新教堂因建造时间长达267年而展现出了不同的建筑风格。例如，教堂的外观是纯正的法国早期哥特式风格，而内部则是西班牙晚期哥特式风格；90米高的北塔完工后，在其上面悬挂了一口重逾17吨的大钟，取名为"胖钟"，而南塔则加盖了巴洛克式圆屋顶，正立面的三个门廊装饰着细致丰富的浮雕和其他雕塑。

科隆大教堂

德国

1248—1880 年

科隆大教堂长145米，宽45米，主殿高43米，是基督教世界最大的教堂之一。科隆大教堂以法国大教堂的设计风格为样本，同时，为了能够容纳前来朝拜东方三贤士①圣骨的大批朝圣者，教堂预留了宽阔的回廊和空间。宏伟的西侧立面于1310年开始设计修筑，然而唱诗班大厅、中厅、耳堂和南塔的塔顶直到1559年才建设完成。大教堂在1842—1880年逐渐呈现出如今的面貌。这座五廊式大教堂的室内面积超过6000平方米。大教堂内收藏有著名金匠大师尼古拉·冯·凡尔登的三贤士圣龛，它被誉为莱茵地区金匠艺术的杰作。唱诗班大厅周围有画家斯蒂芬·洛赫纳为教堂所作的著名壁画（1440年），以及创作于10世纪的罗马式杰罗十字架。

① 编者注：东方三贤士是《圣经》中的人物，据《圣经·马太福音》记载，耶稣出生时，几个人在东方看见伯利恒方向的天空中有一颗大星，于是便跟着它来到了耶稣基督的出生地。

高德院镰仓大佛

日本·镰仓

约 1252 年

著名的镰仓大佛铜像以及坐落在一片静谧竹林之中的高德院，均修建于 12—13 世纪镰仓鼎盛时期。镰仓大佛像高 11 米，含基座的高度超过 13 米，是日本第二大佛像，代表着在日本深受欢迎的佛陀——阿弥陀佛。静坐于莲花宝座上的大佛神态安详，双手低垂，置于双膝之上，呈冥想状，面容平和，象征着纯净和觉悟。

罗斯基勒大教堂

丹麦

12—14 世纪

罗斯基勒位于距丹麦首都哥本哈根约30千米的西兰岛。16世纪宗教改革以前，罗斯基勒是丹麦的宗教中心。1443年以前，罗斯基勒是丹麦国王的王宫和丹麦的首都。这座教堂是斯堪的纳维亚第一座以砖石砌筑的融合了罗马式、哥特式建筑风格的教堂，他的建造者是哥本哈根的奠基人——主教阿波萨隆。为了衬托皇家宫邸的庄严宏伟，他于1170年开始在两座较早、较小教堂的基础上建造这座具有代表意义的大教堂。随着14世纪教堂的高塔落成，巍峨的教堂开始初见规模。在此之后直至19世纪，教堂持续扩建，有了前厅以及两侧的小礼拜堂。罗斯基勒大教堂是丹麦教堂建筑的杰出作品，教堂里埋葬了40多位丹麦国王和王后。

佛罗伦萨大教堂

意大利

1296－1436 年

佛罗伦萨大教堂长153米，宽38米，圆顶外高114米，是世界上最大的教堂之一，哥特式外立面与乔托·吉奥陀设计的钟楼风格统一，钟楼上有皮萨诺创作的陶土浮雕。布鲁内列斯基为教堂设计了直径为46米的圆顶，这是当时最大的教堂圆顶，圆顶内的巨型湿绘壁画最初由瓦萨里创作，但最终由祖卡里于1579年完成，大教堂的正对面是圣乔瓦尼洗礼堂。

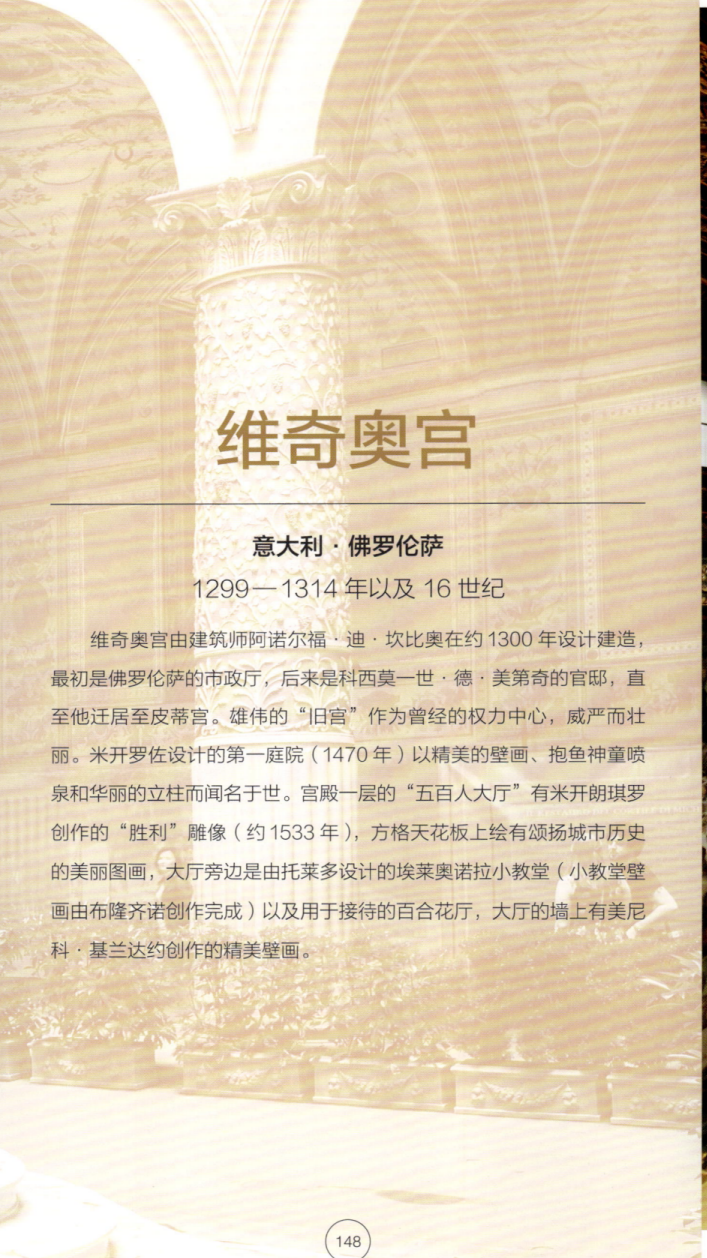

维奇奥宫

意大利·佛罗伦萨

1299—1314 年以及 16 世纪

维奇奥宫由建筑师阿诺尔福·迪·坎比奥在约1300年设计建造，最初是佛罗伦萨的市政厅，后来是科西莫一世·德·美第奇的官邸，直至他迁居至皮蒂宫。雄伟的"旧宫"作为曾经的权力中心，威严而壮丽。米开罗佐设计的第一庭院（1470年）以精美的壁画、抱鱼神童喷泉和华丽的立柱而闻名于世。宫殿一层的"五百人大厅"有米开朗琪罗创作的"胜利"雕像（约1533年），方格天花板上绘有颂扬城市历史的美丽图画，大厅旁边是由托莱多设计的埃莱奥诺拉小教堂（小教堂壁画由布隆齐诺创作完成）以及用于接待的百合花厅，大厅的墙上有美尼科·基兰达约创作的精美壁画。

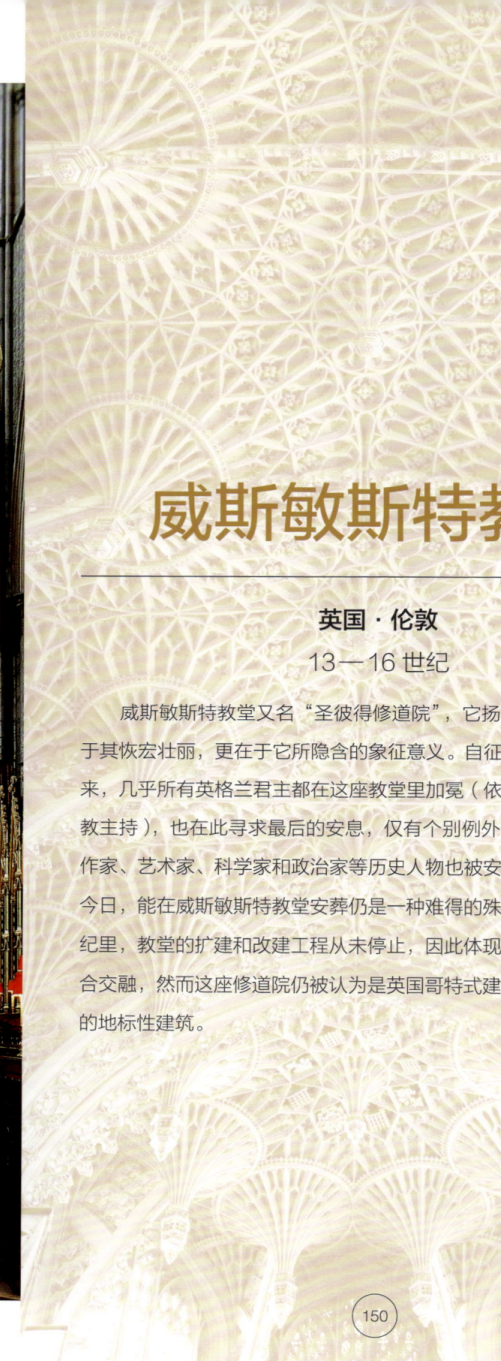

威斯敏斯特教堂

英国·伦敦

13—16 世纪

威斯敏斯特教堂又名"圣彼得修道院"，它扬名于世的原因不仅在于其恢宏壮丽，更在于它所隐含的象征意义。自征服者威廉统治时期以来，几乎所有英格兰君主都在这座教堂里加冕（依传统由坎特伯雷大主教主持），也在此寻求最后的安息，仅有个别例外。此外，众多著名的作家、艺术家、科学家和政治家等历史人物也被安葬于此。即使在今时今日，能在威斯敏斯特教堂安葬仍是一种难得的殊荣。在过去的几个世纪里，教堂的扩建和改建工程从未停止，因此体现出多种建筑风格的混合交融，然而这座修道院仍被认为是英国哥特式建筑优雅的典范和伦敦的地标性建筑。

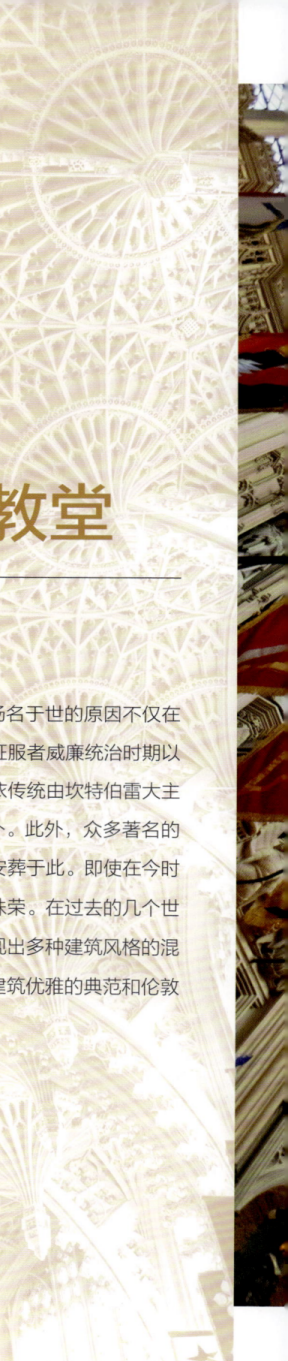

爱德华一世城堡

英国·格温内思

13 世纪

位于威尔士的爱德华一世（1239－1307 年）城堡不仅是中世纪时期防御工事的遗产，也是英格兰对这一地区进行殖民统治的历史见证。威尔士北部的格温内思是一片崎岖的山地，一直由当地中小贵族阶级统治。英格兰国王爱德华一世最终于 1284 年将这片土地征服，之后在英格兰的边境附近建造了三座城堡，以巩固他在威尔士的统治地位。

阿尔比主教座堂

法国

13 世纪

塔恩河边的阿尔比主教座堂是整个城市风景中一抹明亮的色彩。这座哥特式砖砌教堂建于13世纪晚期，巍峨的堡垒式塔楼高78米，凸显出教堂的威严，而白色石灰石雕刻的门廊雅致柔美，似乎要与塔楼形成强弱明暗的对比。教堂中殿与圣台之间巨大的墙隔修建于1500年前后，由当地的石雕大师雕筑，精美绝伦，是法国最大的石雕墙隔。唱诗班大厅的座椅上雕刻着繁复细致的图案，具有极高的艺术价值。教堂外墙上的彩绘雕塑以《圣经·旧约》中的先知和人物为主题，圣坛的后墙上展示着16世纪的石雕杰作《最后的审判》。

卡尔卡松城堡

法国
13 世纪

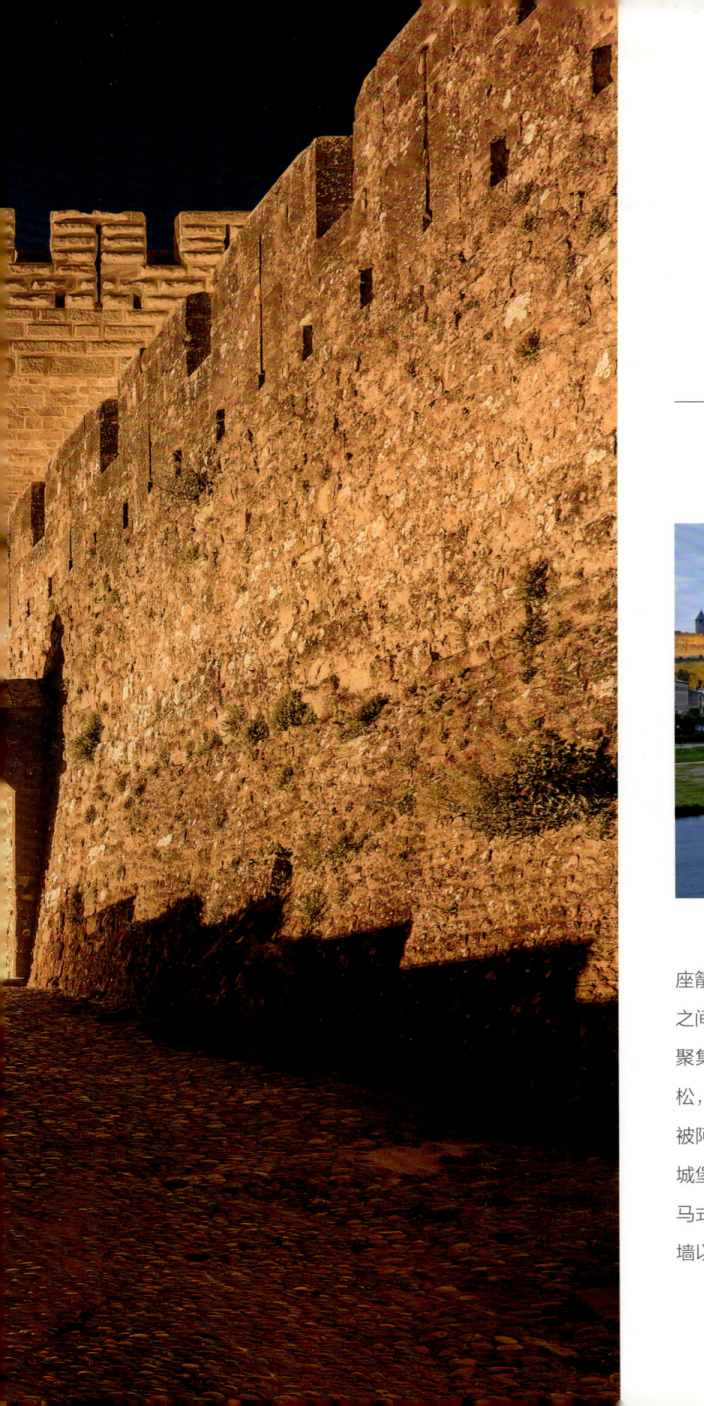

卡尔卡松城堡位于奥德河畔，拥有独一无二的双层石砌城墙和 52 座箭楼，是中世纪时期法国的独特标志。奥德河连接着地中海和大西洋之间的古老商路，伊比利亚人从前罗马时期开始在奥德河上游的山丘上聚集定居。公元 418 年，西哥特人打败了高卢罗马人，占领了卡尔卡松，并于公元 485 年建起了内城的城墙。公元 725 年，卡尔卡松城堡被阿拉伯人占领，公元 759 年又被法兰克人占领。1229 年，卡尔卡松城堡归属法国。随着中世纪时期奥德地区城市的发展，肃穆而庄重的罗马式大教堂——圣那塞尔大教堂在卡尔卡松城堡内拔地而起，城堡的外墙以及外墙上的箭楼也于 13 世纪末期开始修建。

布拉格圣维特大教堂

捷克共和国

1344－1929年

宗教改革、反宗教改革、三十年战争让布拉格圣维特大教堂的建造断断续续，持续了几个世纪。1842年，人们先是按照三廊式设计方案筑起了教堂中廊的支架，之后又按照新哥特式风格对教堂进行了改造。而教堂著名的"金色大门"上的马赛克图案还曾有一处缺口，直到19世纪才装上了窗户。最终，人们在浪漫主义的影响下为大教堂设计了新的总体布局。这些设计方案于1844年由牧师温泽尔·米歇尔·佩希纳等人提出，从1859年起他们自称"圣维特教堂建设联盟"。在该联盟的努力下，教堂最终于1929年9月28日圣瓦茨拉夫逝世1000周年纪念日当天完工。

皇家阿尔卡萨王宫

西班牙

公元 913 年—18 世纪

宏伟的阿尔卡萨王宫曾经是旧时阿拉伯统治者的宫殿，入口处矗立着狮子之门，穿过狮子庭院便可进入宫殿内院。雄伟庄严的皇宫外有高高的宫墙环绕，这座由穆瓦希德王朝兴建的宫殿，经过了历代基督教君王不同风格的改造，而最华丽的当数"暴君"佩德罗一世建造的穆德哈尔宫殿。这座宫殿是他在 1364 年为其情妇玛丽亚·德·帕迪拉建造的，装饰繁复精美，墙壁和天花板上的雕刻作品独具匠心。从庭院角落的楼梯拾级而上，可到达宫殿上层的房间。王宫花园宛如一座迷宫，大树与灌木相间，池塘与喷泉相伴，树影斑驳，落英缤纷，摩尔式建筑和文艺复兴风格融为一体，静谧的绿洲如梦如幻。

阿尔罕布拉宫

西班牙·格拉纳达

公元 889—1526 年

1238 年，摩尔人在格拉纳达建立了独立的伊斯兰国家，并在此修建了宏伟的阿尔罕布拉宫。1492 年，格拉纳达作为最后一块伊斯兰势力区域被基督教君主占领。从 16 世纪开始，这座"红色宫殿"被逐渐遗弃，直到 19 世纪部分建筑才得到修缮和恢复。宫殿群的亭、阁、厅、院的装饰都有丰富的马赛克和瓷砖图案，被认为是摩尔式建筑艺术的杰出典范。

玛哈泰寺

泰国

14 世纪

由于红砖的重力作用，玛哈泰寺的残垣断壁（"恢宏神圣的寺庙遗迹"）在松软的地基上逐渐下陷倾斜，犹如比萨斜塔的翻版。这座有着将近 700 年历史的古寺不乏各种奇闻，据说寺庙和佛像里藏着无数宝藏，足以建立起一个完整的王国。1956 年，人们在考古中发现了一件镶嵌着宝石和金佛的宝盒，这更增加了玛哈泰寺的传奇色彩。寺中的佛塔由黄金雕镀，历经战火浩劫，在风霜岁月的侵蚀下最终于 1911 年倒塌。

蒲甘

缅甸

11－13 世纪

气势磅礴的蒲甘寺庙城位于缅甸中部伊洛瓦底河的东岸，整个建筑群的占地面积为 36 平方千米，拥有 2000 多座佛教建筑。蒲甘寺庙城建于 11－13 世纪，它的建造者是建立了缅甸历史上第一个统一王朝的国王阿奴律陀（1044－1077 年在位）及其继任者。整个蒲甘寺庙城规模宏大，可采用徒步、骑自行车或乘坐马车的方式游览。

姬路城

日本

1346 年－17 世纪

姬路城盘踞在高耸的山恋之上，兼顾城堡和宫殿的功能，威严肃穆，气势磅礴，完美地展现了东瀛德川幕府自1600年以来建立的新政治秩序。这座城堡位于神户市西部50千米处，由德川家康的家臣所建，占地面积为22公顷，周围有一条护城河和一圈城墙。城堡中最夺目的是位于中心的一座塔楼，外六层、内七层，严密的防御系统和典雅的外观造型在这里达到了平衡。

乌尔姆敏斯特大教堂

德国

1377－1890 年

乌尔姆敏斯特大教堂高耸入云的钟塔高161米，是世界上最高的教堂钟塔。1377年，人们拆除了乌尔姆城墙外的旧教堂，开始在城墙内建造新教堂。新教堂是一座宏伟的五廊式建筑，可容纳2.9万人。在之后的200年里，经过数代建筑师的设计建造，这座教堂最终形成了布拉格和斯特拉斯堡哥特式建筑风格。乌尔姆的市民在宗教改革中成为福音派信徒，教堂也成为新教福音派教堂。1543年，由于政治冲突和资金不足等问题，乌尔姆敏斯特大教堂停建，1844年起继续修建，最终于1890年完工。

米兰大教堂

意大利

1386—1858 年

作家马克·吐温在1867年曾写道："这是个多么奇迹般的存在！如此宏伟，如此庄严，如此庞大！然而又如此精细，如此轻盈，如此优雅！一个大理石的世界，然而它似乎……给人以冰雪雕筑的幻觉。"马克·吐温赞叹的，正是位居意大利著名建筑之列的米兰大教堂。它融合了阿尔卑斯山以北的哥特式艺术，拥有五廊式整体结构，三廊式耳堂，多边形唱诗班大厅，以及巨大的飞扶壁和十字交叉肋拱顶。它的建造过程十分漫长，从1386年一直持续到1858年，教堂也因此融合了多种建筑风格，例如，外立面既展现了新哥特式建筑的整体基调，又融合了新巴洛克式风格的装饰细节。尽管如此，整个大理石基色明亮质朴，伸向天空的教堂尖顶雕刻着精美的神像，看上去和谐而典雅。

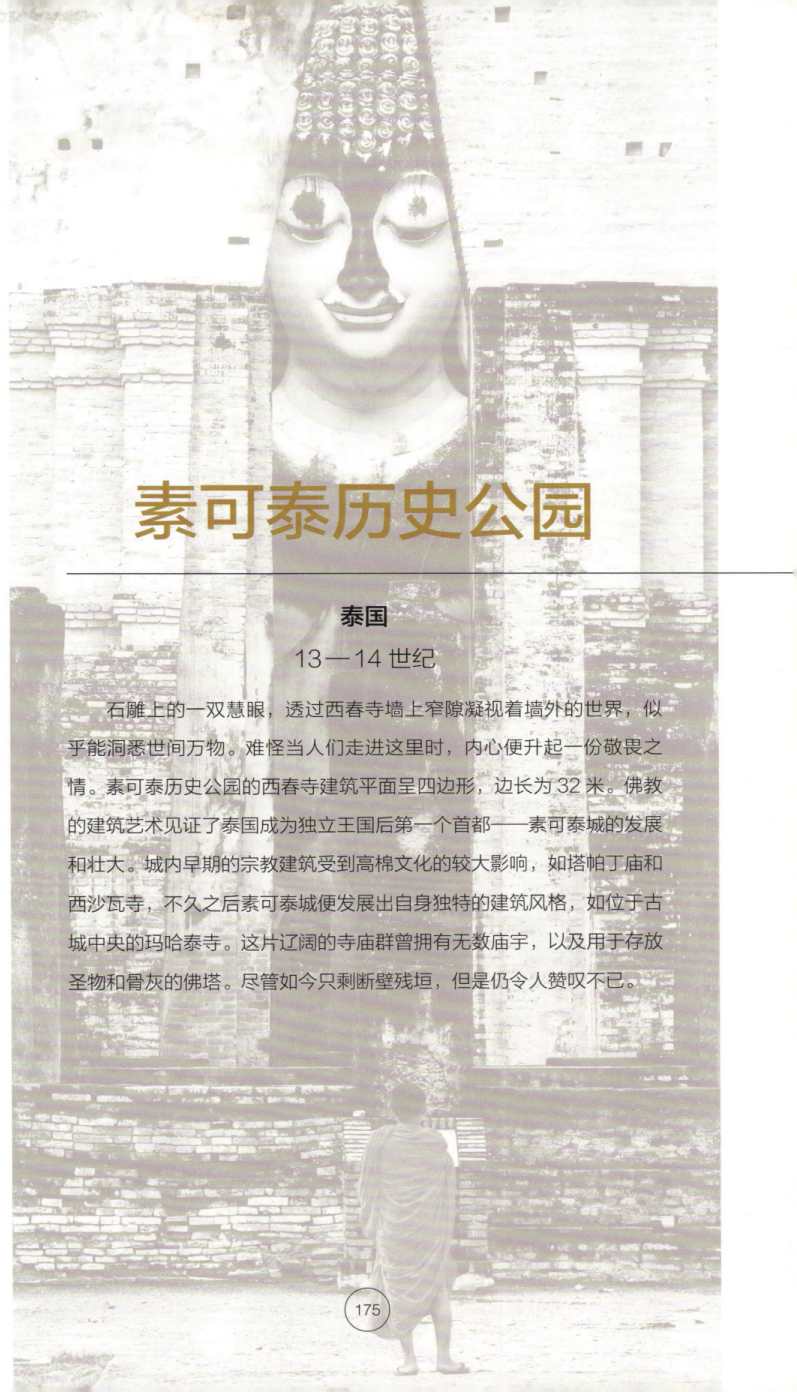

素可泰历史公园

泰国

13－14 世纪

石雕上的一双慧眼，透过西春寺墙上窄隙凝视着墙外的世界，似乎能洞悉世间万物。难怪当人们走进这里时，内心便升起一份敬畏之情。素可泰历史公园的西春寺建筑平面呈四边形，边长为32米。佛教的建筑艺术见证了泰国成为独立王国后第一个首都——素可泰城的发展和壮大。城内早期的宗教建筑受到高棉文化的较大影响，如塔帕丁庙和西沙瓦寺，不久之后素可泰城便发展出自身独特的建筑风格，如位于古城中央的玛哈泰寺。这片辽阔的寺庙群曾拥有无数庙宇，以及用于存放圣物和骨灰的佛塔。尽管如今只剩断壁残垣，但是仍令人赞叹不已。

迈泰奥拉修道院

希腊

14 世纪

在卡拉帕卡城以北的迈泰奥拉，幽深的山谷中矗立着浩瀚的砂岩峰林，山岩顶上曾坐落着 24 座修道院，位置之险峻令人窒息。24 座修道院如今只剩下寥寥数座尚有人居住，其中位置最高的大迈泰奥拉修道院建于 1360 年左右，建造者是亚历山大城的圣阿塔纳西奥斯主教。尼古劳·阿纳帕夫萨修道院（约 1388 年）则坐落在另一座高高的石峰顶端，从这里通过一座桥可到达瓦拉姆修道院，这座修道院建于 1517 年，于 1961—1963 年改建为博物馆，馆内收藏着修道院的无价之宝。

拉帕努伊国家公园的"摩艾"石像

智利·复活节岛

10－16 世纪

遥远的复活节岛与南美洲大陆相距约 3700 千米，与波利尼西亚的塔希提岛相距约 4200 千米，是地球上最孤独的世外桃源。岛上第一批定居者生活在公元 400 年左右，据推测，在这之后直到大约 14 世纪才再次有人来这里定居。波利尼西亚人称这座岛屿为拉帕努伊，意为"大岛"。岛上遍布着数百座"摩艾"——矗立在巨大的摩艾石台"阿胡"上、高达 10 米的凝灰岩石像，这些巨型石像以及岛上的象形文字朗格朗格是波利尼西亚独特文化的历史见证。摩艾的建造原因至今仍不得而知。由于岛上的生活空间有限，部落纷争频发，波利尼西亚文明最终也于 1680 年走向衰亡。

夏伊辛达大墓地

乌兹别克斯坦·撒马尔罕

14—15 世纪

"死者之城"夏伊辛达位于乌兹别克斯坦东北部的撒马尔罕，是亚洲著名的陵墓之一。陵墓的名字"夏伊辛达"意为"活着的国王"，这源于一个传说：据传先知穆罕默德的表兄库萨姆·伊本·阿巴斯被杀后，在大陵墓的地下世界继续生活。然而更可信的说法是，帖木儿王朝想以此为庇佑来巩固其在伊斯兰国家的统治地位。这些墓葬最早可以追溯到14—15世纪，每座帖木儿墓葬的设计风格都各不相同，有的使用的是马赛克瓷砖，而有的使用的则是马约里卡瓷砖，瓷砖在制作过程中先是被涂上一层白色的锡釉，之后再染上靓丽的颜色。

古尔－埃米尔陵墓

乌兹别克斯坦·撒马尔罕

1403－1405 年

在波斯语中，"古尔－埃米尔"意为"国王之墓"，这也正是这座陵墓的真实用途。帖木儿帝国的创始人帖木儿汗为自己的爱孙穆罕默德·苏丹修建了这座陵墓，当时穆罕默德·苏丹在安哥拉之战中战死疆场，但帖木儿帝国却获得了这场战役的胜利，这也使奥斯曼帝国遭遇历史上最大的一场败仗。也许正因如此，帖木儿汗决定要为他的爱孙建碑立传，并于1405年，也就是他去世前建成。帖木儿汗原本计划在其出生地修建自己的陵墓，但却未能得偿所愿，最终也被安葬在了古尔－埃米尔陵墓中。他的孙子兀鲁伯最终将这座陵墓用作了帖木儿帝国的家族墓地。

故宫

中国·北京

1406—1420 年

在近 500 年的时间里，中国的帝王们坐在故宫里统治着整个疆域，直至 1911 年封建帝制在民主革命运动中被推翻，1924 年中国最后一位皇帝被驱逐出这座皇家宫殿。从那时起 ①，百姓得以走进这座昔日只能供皇帝、皇后、嫔妃和太监生活居住的宫殿。整个故宫呈矩形，拥有举行重大礼仪的外朝和供皇家成员们生活的内廷，宫殿四周有护城河和城墙环绕。

① 编者注：故宫于 1925 年 10 月 10 日正式对外开放。

马丘比丘

秘鲁·乌鲁班巴
约 1450 年

在安第斯山脉东侧的层峦叠嶂之中，坐落着印加帝国的城市——马丘比丘。美国人海勒姆·宾厄姆在 1911 年发现了它，其城市建筑之壮观、遗址保存之完整令他惊叹不已。马丘比丘就像雄鹰的巢穴一样，盘踞在海拔 2430 米的高山上，且建筑与地形地貌巧妙地融合在一起。西班牙征服者从未发现或注意到它，而它当初因何而建，至今也众说纷纭，有一种说法是，印加人曾计划在安第斯山脉东侧的山坡上定居。但可以肯定的是，马丘比丘大约在 1450 年建成，一个世纪之后才被遗弃。

西斯廷教堂

梵蒂冈城

1477 一 1482 年

1477 年，教皇西斯都四世下令修建西斯廷教堂，它不仅是祈祷的场所，也因其三米厚的建筑外墙而成为具有防御功能的要塞。1480 年，教堂主体建成，佛罗伦萨的君主洛伦佐·德·美第奇派遣了为数众多的著名画家前往罗马，为教堂内部装饰壁画，以此来缓和因先前与教皇交恶而僵化的关系。佩鲁吉诺、桑德罗·波提切利和多梅尼科·基兰达约等著名艺术家都参与了教堂的壁画创作。壁画的主题多为耶稣和摩西的生活场景，而穹顶的壁画则是繁星闪烁的夜空。后来，这幅天空壁画被米开朗琪罗的穹顶壁画所覆盖。

科尔多瓦大教堂

西班牙

9—17 世纪

这座著名的"清真寺兼大教堂"位于科尔多瓦老城的中心，占地面积约 2.4 万平方米，是当地著名的旅游胜地。它曾经是一座罗马神庙，后来改为清真寺，并且成为与麦加大清真寺不分轩轾的穆斯林朝圣地。改建后的清真寺拥有 11 个通廊，充分展现了科尔多瓦的民族自信心。16 世纪时，人们又在清真寺的旁边盖了一座大教堂。从此，伊斯兰建筑与基督教建筑比肩而立，展现出两种文化交相辉映的艺术魅力。清真寺四面精美的外墙描绘了清真寺的历史由来。高达 54 米的塔楼是科尔多瓦城市天际线中最浓墨重彩的一笔，它实际上曾是一座宣礼塔，后来才被改建成塔楼。

萨克塞华曼

秘鲁·库斯科

15－16 世纪

萨克塞华曼位于库斯科市区几千米之外，是印加人修筑的城堡，也是一座保卫城市的军事要塞。这座雄伟的巨石城堡修筑于印加王帕查库特克·尤潘基和图帕克·尤潘基时期，其主城墙长600米，呈"之"字形排列。萨克塞华曼由巨大的石块堆叠而成，像乐高积木一样，然而石块之间完全没有砂浆，有些石块基至长9米、宽5米、高4米。据说，印加国王当时征调了不下10万名印加工匠修筑萨克塞华曼，整个工程在石材运输和建筑工艺方面都堪称奇迹。

琥珀堡

印度
16 世纪

骑在大象背上摇摇晃晃地穿过太阳门——这无疑是亲身感受著名的琥珀堡最愉悦的方式。站在阿拉瓦利山脉之巅，人们可以瞬间体会到，16 世纪时，拉贾·曼·辛格为何选择在这里修筑城堡。从琥珀堡向山谷跳望，远处的高层住宅和低矮平房一览无余。堡垒以砂岩和大理石为原材料，其内部有丰富多彩的壁画，有些壁画展示了印度君主举行盛大节日庆典时的热烈场面。拱廊通风极好，即使是烈日炎炎之时，人们也能在凉爽的拱廊里闲庭漫步。琥珀堡的镜宫绚烂夺目，其墙面用镜面马赛克拼成了一朵朵美丽的花，有力地印证了当时印度统治之辉煌。

哲罗姆派修道院

葡萄牙·里斯本

1502—1601 年

葡萄牙国王曼努埃尔一世（1469—1521年）被称作"幸运儿"，他支持了航海家达·伽马和佩德罗·卡布拉尔等人的远洋探险。1495—1521年，葡萄牙在曼努埃尔一世的统治下，艺术和科学蓬勃发展，因此，晚期哥特式建筑风格便以曼努埃尔一世命名。曼努埃尔式建筑综合了火焰式、穆德哈尔式和银匠式三种建筑风格的特点，其浮雕既带有航海元素，又带有异域风情。自1502年起，曼努埃尔一世为纪念达·伽马的航行，开始兴建宏伟的哲罗姆派修道院，地址就选在了航海王子享利时期修建的小教堂遗址上。达·伽马——这位开辟了通往印度的海上航线的航海家也长眠于此，而印度航线的贸易收入则为修道院提供了充足的建设资金。

圣彼得大教堂

梵蒂冈城

1506—1626 年

圣彼得大教堂的历史可追溯到公元325年时修建的一座老教堂，据传，这座老教堂的所在地就是使徒彼得的安息之所。圣彼得大教堂于1506年由布拉曼特主持建造，之后又历经拉斐尔、米开朗琪罗等众多文艺复兴时期著名建筑师的设计翻修。教堂内有众多祭坛、马赛克图案和雕塑作品。其中，最杰出的作品当属米开朗琪罗为教堂创作的穹顶，顶高119米，直径42米，规模之大令人惊叹。为了填补教堂圆顶下的"空洞"，贝尔尼尼为教堂中央的教皇祭坛设计建造了一座高29米的青铜华盖，华盖由4根巨大的螺旋形柱子支撑，十分壮观。

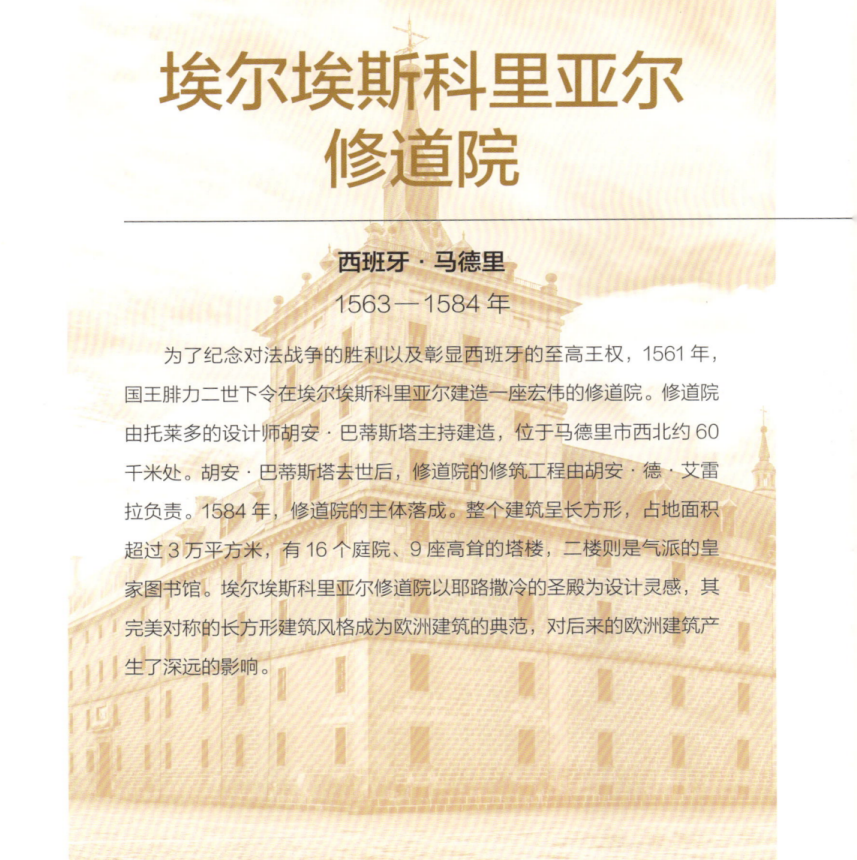

埃尔埃斯科里亚尔修道院

西班牙·马德里

1563—1584 年

为了纪念对法战争的胜利以及彰显西班牙的至高王权，1561年，国王腓力二世下令在埃尔埃斯科里亚尔建造一座宏伟的修道院。修道院由托莱多的设计师胡安·巴蒂斯塔主持建造，位于马德里市西北约60千米处。胡安·巴蒂斯塔去世后，修道院的修筑工程由胡安·德·艾雷拉负责。1584年，修道院的主体落成。整个建筑呈长方形，占地面积超过3万平方米，有16个庭院、9座高耸的塔楼，二楼则是气派的皇家图书馆。埃尔埃斯科里亚尔修道院以耶路撒冷的圣殿为设计灵感，其完美对称的长方形建筑风格成为欧洲建筑的典范，对后来的欧洲建筑产生了深远的影响。

雷吉斯坦建筑群

乌兹别克斯坦·撒马尔罕

15—17 世纪

在撒马尔罕的雷吉斯坦广场上，由宝蓝色和金色瓷砖装饰的提拉-卡里神学院如同《一千零一夜》故事里的城堡一般美丽。它与15世纪建成的兀鲁伯神学院和17世纪建成的希尔-达尔神学院共同构成了雷吉斯坦建筑群。雷吉斯坦意为"多沙之所"，原因是，很久之前这里曾有一条河，然而河水逐渐干涸，河床上便留下了大量的河沙。提拉-卡里神学院在1646—1660年由撒马尔罕地区的统治者亚朗图希·巴霍杜尔下令兴建，是三个神学院中竣工时间最晚的一个。

塞利米耶清真寺

土耳其·埃迪尔内

1568—1575 年

在奥斯曼帝国占领君士坦丁堡之前，古城阿德里安堡（今埃迪尔内）在1365—1453年曾是奥斯曼帝国的旧都。它虽历经数百年的风霜岁月，却完整地保留着部分历史遗迹，如装饰精美的木制房屋以及一些苏丹时期的建筑。塞利米耶清真寺建于苏丹塞利姆二世统治时期，它有一个巨大的圆顶，却不乏和谐感和轻盈感。奥斯曼帝国最著名的宫廷建筑师希南将这座大清真寺视为自己的杰作，他成功地将几何学应用到了建筑中。

克里姆林宫大教堂广场

俄罗斯·莫斯科

15—17 世纪

克里姆林宫大教堂广场上矗立着三座大教堂：圣母升天大教堂、大天使教堂和天使报喜大教堂①。其中，天使报喜大教堂有白色的外墙和九个镀金圆顶，白色和金色相称，使得教堂宛如童话里的城堡一般美丽。圣母升天大教堂以旧都圣彼得堡的弗拉基米尔大教堂为雏形，然而教堂的圆顶在修筑时出现了结构性问题，不幸坍塌。后来，国王伊凡三世专门请来意大利的著名建筑师亚里士多德·菲奥拉万蒂重新修筑教堂，也就是在这时，黄金分割等文艺复兴时期的元素被引入了俄罗斯。

① 译者注：天使报喜大教堂也译作"圣母领报大教堂"。

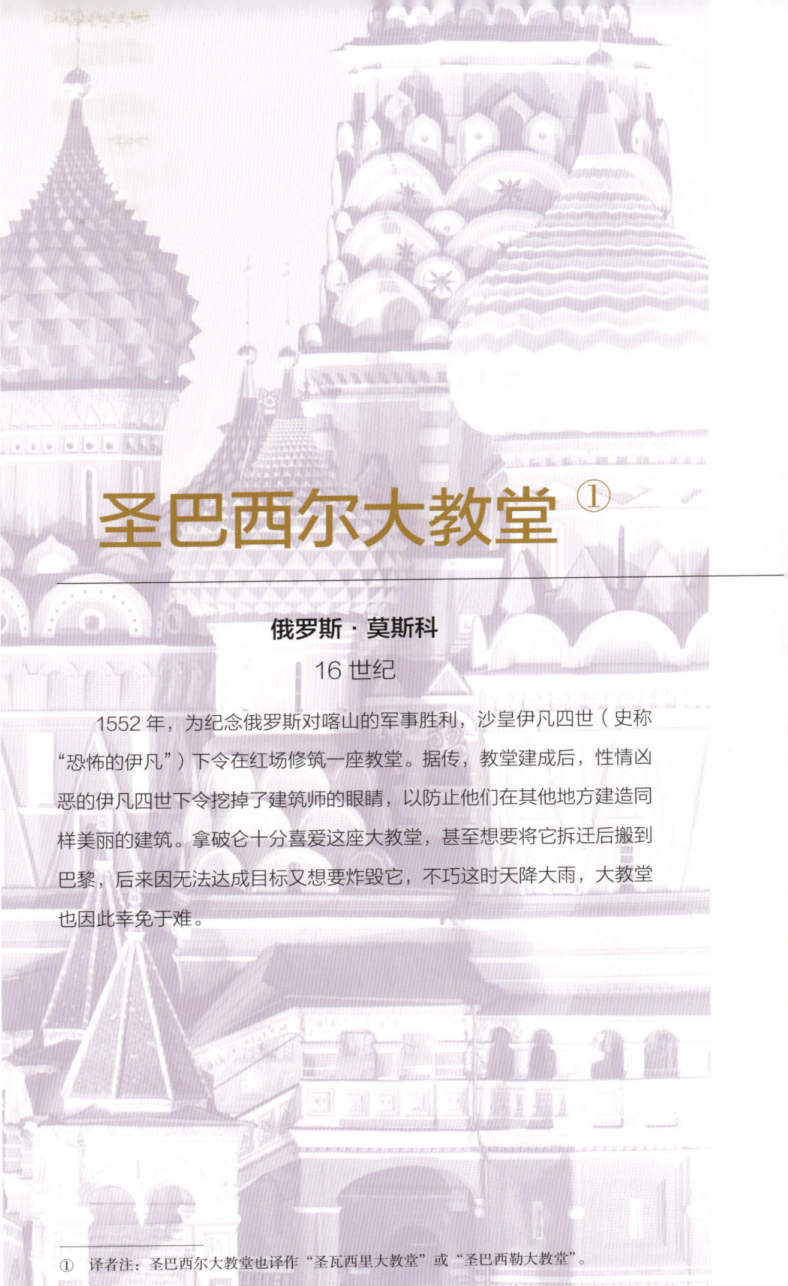

圣巴西尔大教堂 ①

俄罗斯·莫斯科

16 世纪

1552 年，为纪念俄罗斯对喀山的军事胜利，沙皇伊凡四世（史称"恐怖的伊凡"）下令在红场修筑一座教堂。据传，教堂建成后，性情凶恶的伊凡四世下令挖掉了建筑师的眼睛，以防止他们在其他地方建造同样美丽的建筑。拿破仑十分喜爱这座大教堂，甚至想要将它拆迁后搬到巴黎，后来因无法达成目标又想要炸毁它，不巧这时天降大雨，大教堂也因此幸免于难。

① 译者注：圣巴西尔大教堂也译作"圣瓦西里大教堂"或"圣巴西勒大教堂"。

苏丹艾哈迈德清真寺

土耳其·伊斯坦布尔

1609—1616年

1609年，苏丹国王艾哈迈德命令著名建筑师西南的得意门生——迈赫迈特·阿迦主持建造一座清真寺，并要求清真寺在1616年——国王去世的前一年建成。艾哈迈德清真寺有6个宣礼塔及多个圆顶和半圆顶，高高的尖塔在很远处都依稀可见。它是伊斯坦布尔最重要的清真寺，被联合国教科文组织列入《世界遗产名录》。通常情况下，清真寺只能有4个宣礼塔，而艾哈迈德清真寺却有6个宣礼塔，这曾引发不少争议。当时，只有麦加大清真寺才有6个宣礼塔，但传说后来又增加了1个。艾哈迈德清真寺祈祷区域的建筑平面近似于正方形，4根巨大的角柱支撑着4个尖拱和4个角穹，中央的圆顶架设在4个角穹之上。白底蓝釉的瓷砖铺满了整个清真寺的墙面，也赋予了这座建筑"蓝色清真寺"的美称。

泰姬陵

印度·阿格拉

1631—1648年

泰姬·马哈尔陵（泰姬陵的全称）意为"宫殿之冠"或"宫殿之珠"，是皇帝沙·贾汗为他心爱的妃子阿姬曼·芭奴（穆塔兹·马哈尔）修建的陵墓。这座用白色大理石建成的陵墓被誉为世界建筑奇迹，它将胡马雍①陵墓的建筑艺术发展到了更高的水平。泰姬陵建在一个正方形的基座上，结构完全对称，陵墓前方是一片铺有水道和喷泉的花园。陵墓的主体呈方形，稳稳托住中央的波斯风格圆顶，中央圆顶环绕着带有小穹顶的楼阁，基座的四角各有一座高耸的白色大理石尖塔。这种经典的波斯建筑源于陵墓最初的建筑师——伊萨·阿凡迪，他是沙·贾汗从伊朗城市设拉子请来的，专门负责泰姬陵的设计工作。

① 译者注：胡马雍，莫卧儿王朝的第二任皇帝。

凡尔赛宫

法国

约 1630 一 1689 年

凡尔赛宫在法国国王路易十三时期曾是一座狩猎行宫，在路易十四时期被改建成了雄伟的皇家宫殿，之后在很长一段时间内一直是法兰西的宫廷。凡尔赛宫由建筑师勒沃和孟莎设计建造，坐落在一片巨大的花园内，约有 700 个房间。这里不仅有奇花异草和喷泉雕塑，还有大特里亚农宫和小特里亚农宫遥相呼应。凡尔赛宫曾经一度是法国的政治中心，有 5000 多人在宫殿里生活居住，其中包括相当一部分法国贵族以及 14000 多名士兵。宫殿中的镜廊极具代表性，华丽非凡，是重要的历史名胜。

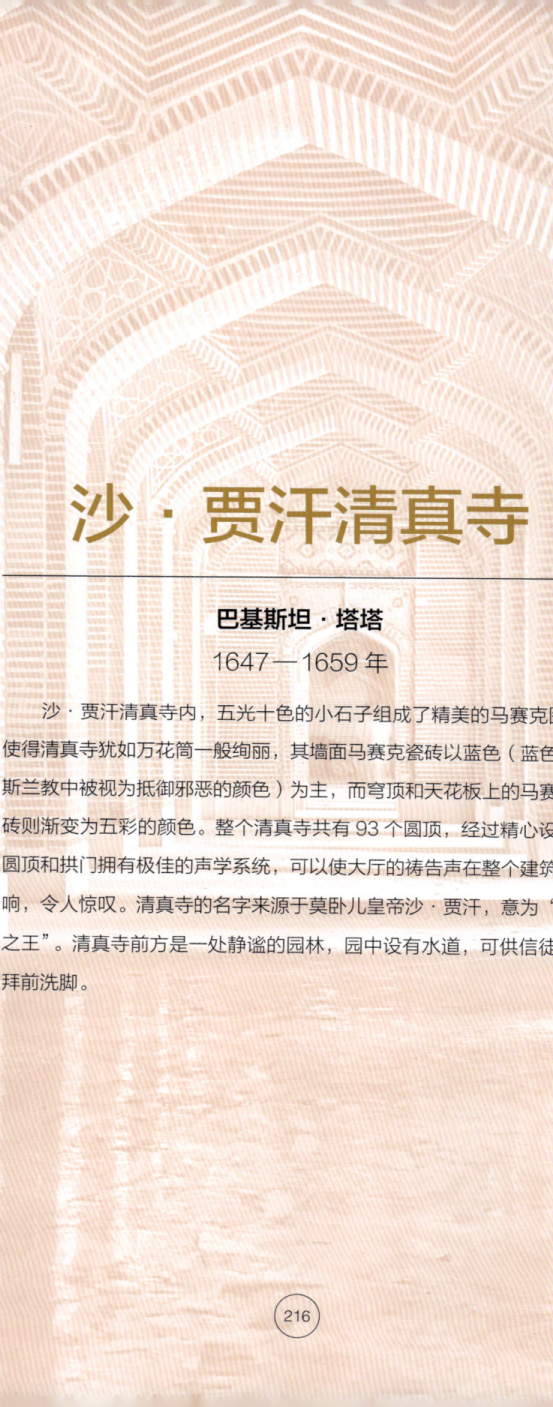

沙·贾汗清真寺

巴基斯坦·塔塔

1647—1659 年

沙·贾汗清真寺内，五光十色的小石子组成了精美的马赛克图案，使得清真寺犹如万花筒一般绚丽，其墙面马赛克瓷砖以蓝色（蓝色在伊斯兰教中被视为抵御邪恶的颜色）为主，而穹顶和天花板上的马赛克瓷砖则渐变为五彩的颜色。整个清真寺共有 93 个圆顶，经过精心设计的圆顶和拱门拥有极佳的声学系统，可以使大厅的祷告声在整个建筑中回响，令人惊叹。清真寺的名字来源于莫卧儿皇帝沙·贾汗，意为"世界之王"。清真寺前方是一处静谧的园林，园中设有水道，可供信徒们礼拜前洗脚。

圣保罗大教堂

英国·伦敦

1675—1711 年

圣保罗大教堂耸立在伦敦的金融区，是英式巴洛克风格的经典建筑，教堂的圆顶辉煌气派，与众不同。在过去的1400年里，伦敦城西部的卢德门山上一直有一座基督教堂，在之后的几个世纪里，教堂几经重建，今天的圣保罗大教堂已是第五个"版本"，毫无疑问也是它最华丽的样子。1666年，伦敦发生的一场大火几乎烧毁了整个城市的建筑，建于中世纪的教堂也未能幸免。此后，建筑师克里斯托弗·雷恩爵士受托主持修建新的圣保罗大教堂，他同时还负责了伦敦其他50多座被烧毁教堂的设计工作，但圣保罗大教堂的设计方案多次被否，直到1675年，人们才终于为这座教堂奠基，并在20年后举行了第一场宗教仪式。圣保罗大教堂是许多英国历史名人的安息之所，而克里斯托弗·雷恩则是第一个被安葬在这里的人。

巴黎歌剧院

法国·巴黎

1669—1875 年

1669 年，法国国王路易十四为发展法国的歌剧艺术，委托诗人和剧作家皮埃尔·佩兰创建了皇家音乐学院。在接下来的两个世纪里，皇家音乐学院多次更换院址，直到 1860 年拿破仑三世时期，当时年仅 35 岁的年轻建筑师查尔斯·加尼叶受任设计修筑了这座宏伟的歌剧院 ^{①}，这里也成为皇家音乐学院的最终驻地。

① 译者注：为了纪念设计师查尔斯·加尼叶，巴黎歌剧院也被命名为"加尼叶歌剧院"。

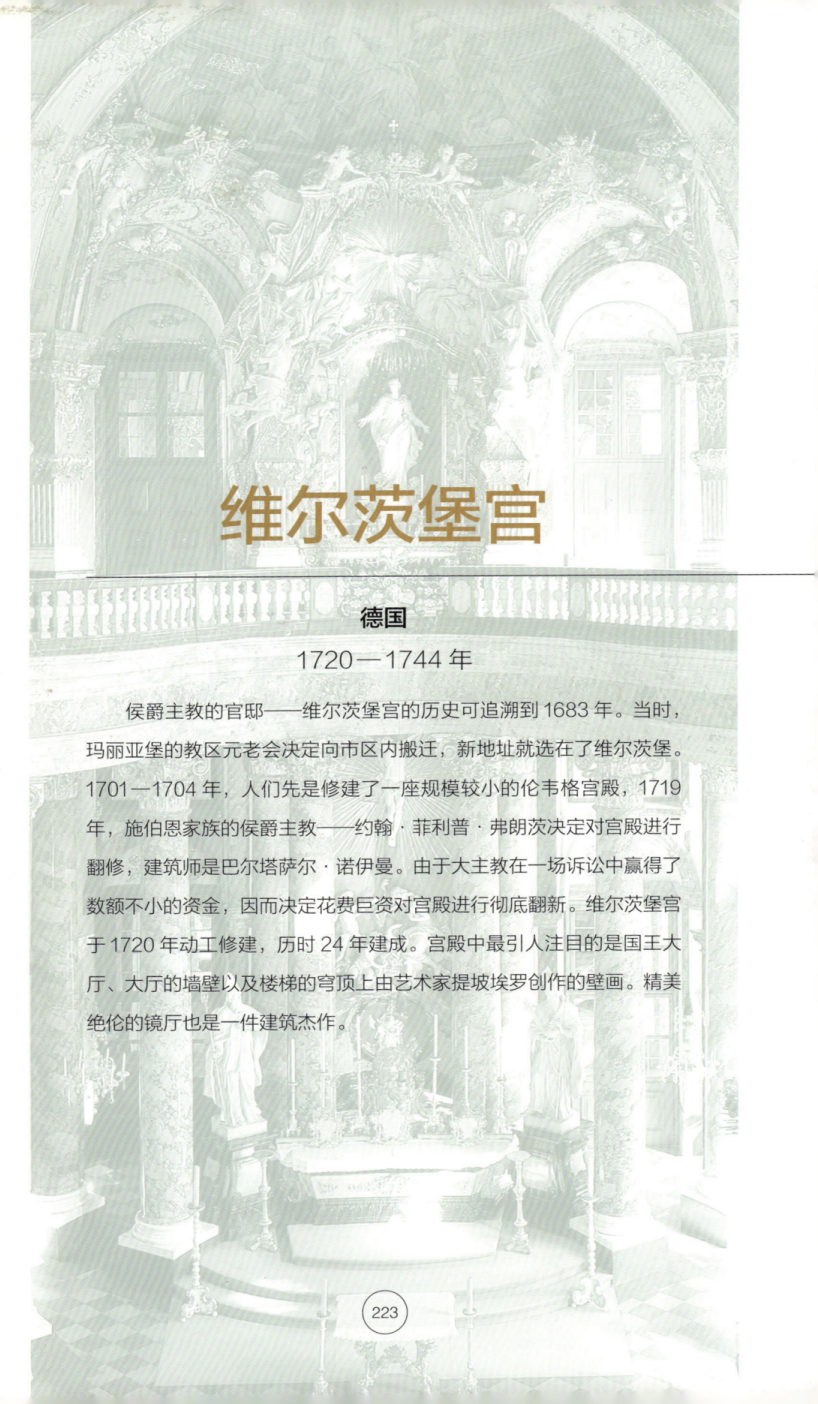

维尔茨堡宫

德国

1720－1744 年

侯爵主教的官邸——维尔茨堡宫的历史可追溯到1683年。当时，玛丽亚堡的教区元老会决定向市区内搬迁，新地址就选在了维尔茨堡。1701－1704年，人们先是修建了一座规模较小的伦韦格宫殿。1719年，施伯恩家族的侯爵主教——约翰·菲利普·弗朗茨决定对宫殿进行翻修，建筑师是巴尔塔萨尔·诺伊曼。由于大主教在一场诉讼中赢得了数额不小的资金，因而决定花费巨资对宫殿进行彻底翻新。维尔茨堡宫于1720年动工修建，历时24年建成。宫殿中最引人注目的是国王大厅、大厅的墙壁以及楼梯的穹顶上由艺术家提坡埃罗创作的壁画。精美绝伦的镜厅也是一件建筑杰作。

布达拉宫

中国·拉萨

637－1694 年

布达拉宫矗立在拉萨河谷之上，高 117 米。其主体部分——长 320 多米的白宫，建造于第五世达赖喇嘛（1617－1682 年）时期。位于中央的红宫则修筑于第五世达赖喇嘛圆寂后，红宫上覆鎏金屋顶，收藏了建筑群中除达赖喇嘛私人住所之外最珍贵的宝藏。整座宫殿共有 999 间房屋，建筑面积达 13 万平方米。宫殿建筑之奢华、人们信仰之虔诚，无不令人感叹。

梅兰加尔城堡

印度·焦特布尔

1459 年以及 18—19 世纪

梅兰加尔城堡屹立在焦特布尔老城区西北部 120 米高的山上，山下是老城狭窄的街道。这座城堡始建于 15 世纪拉索王朝统治时期，在 18 世纪和 19 世纪历经数次扩建，才具备了莫卧儿的建筑风格和如今的规模。宫殿装饰着精美的镂空石雕图案，其中一部分已辟为博物馆。

梅尔克修道院

奥地利

11 世纪以及 1702—1746 年

公元 976 年，奥地利的马克格拉夫·利奥波德一世决定将梅尔克城堡作为他的官邸。此后 100 多年里，城堡里的继任者们收藏了许多珍宝和圣物。1089 年，利奥波德二世将城堡送给了兰巴赫的本笃会修道士。从那时起，修道士们开始在城堡里按照本笃会的圣规居住和修行。18 世纪中叶，城堡被改建成巴洛克式的修道院。梅尔克修道院自建成以来，一直是奥地利的灵魂和宗教中心，修道院的图书馆珍藏了修道士们在几个世纪里收集和保存的珍贵手稿。它的内部装饰富丽堂皇，天花板湿壁画之精美、大理石大厅之典雅、帝国台阶之华丽，无不衬托出修道院的重要地位。

三一学院图书馆

爱尔兰·都柏林

1712—1732 年

至今，都柏林的一些古建筑都会让人回忆起历史上英格兰人对凯尔特人的征服，以及英国国教新教与凯尔特人的天主教之间的冲突。1592 年，女王伊丽莎白一世创建了三一学院。那时，天主教徒如果皈依英格兰国教，就可以在这里免费学习。然而直到 1873 年，他们才被允许获得学位。三一学院最负盛名的老图书馆建于 1732 年，是建筑师托马斯·伯格的杰作。其中，修道士于公元 800 年左右完成的福音书集《凯尔经》极为珍贵，插图丰富精美，被认为是爱尔兰书籍史上的不朽丰碑。除此之外，三一学院还有无数珍贵的藏书，光是长达 65 米的"长阅读室"就有约 20 万本古老的书籍。

拜罗伊特侯爵歌剧院

德国

1744－1748 年

这座辉煌的巴洛克式歌剧院始建于1744－1748年，当时勃兰登堡一库尔姆巴赫的侯爵夫妇——弗里德里希和威廉米娜委托了著名的建筑师负责修筑歌剧院。古典风格的外立面由宫廷建筑师约瑟夫·圣皮埃尔负责，内部装饰则由当时欧洲著名的剧院建筑师朱塞佩·加利比比艾纳及其儿子卡洛负责。歌剧院的室内装饰以木材为原料，独具特色。勃兰登堡侯爵夫人威廉米娜（弗里德里希大帝的姐姐）既是剧作家和作曲家，又是这座歌剧院的管理者。她于1758年去世，此后歌剧院停止了定期演出活动。如今，拜罗伊特侯爵歌剧院依旧保持着历史原貌，它也是歌剧院从宫廷剧院向公共剧院过渡时被完整地保留下来的唯一的歌剧院。

维斯教堂

德国·施泰因加登

1745－1754 年

1730 年，普雷蒙特雷修会的修士们为耶稣受难日的游行创作了一尊基督雕像，后来这尊雕像被钉在十字架上，放在了一个小村庄的农舍里，这个名叫维斯的小村庄隶属于普雷蒙特雷修会。据传，有一天，人们在农舍里看到受难的耶稣眼中淌着泪水，这一"奇迹"很快便引来了朝圣的人潮。为了满足人们朝圣的需求，修道院院长决定建造一座美丽的洛可可教堂。教堂的建筑师是多米尼克斯·齐默尔曼，在此之前他已经设计建造了施泰因豪森的朝圣教堂。很多著名的艺术家也参与了维斯教堂的设计和建造，包括建筑师的兄弟约翰·巴普蒂斯特，他绘制了教堂内的壁画。美轮美奂的天花板壁画与雕花浮雕一起簇拥着中间两层高的圣坛以及恩典绘画。

舍恩布伦宫

奥地利·维也纳

1744—1749 年

舍恩布伦宫^{①}位于维也纳西部的席津别墅区，是奥地利巴洛克式建筑的典范。这座华丽的宫殿建于18世纪初期，反映出当地贵族在成功抵御了土耳其的入侵后，对华丽建筑的满腔热情。1744—1749年，尼古拉斯·帕卡西和费舍尔·冯·埃尔拉赫对宫殿进行了较大规模的改建，暖黄色的舍恩布伦宫才逐渐有了今天的面貌。1918年之前，舍恩布伦宫一直是当地贵族——哈布斯堡家族的夏宫，如今，每天有11000多名游客参观华丽的皇家公寓、历史悠久的马车博物馆、独具特色的棕榈屋以及设计精美的公园。

① 译者注：舍恩布伦宫又称"舍恩布龙宫"或"美泉宫"。

颐和园

中国·北京

1750－1764 年

颐和园在中国被称为"颐养天合之园"，园中有庭院、寺庙和亭台楼阁，颐和园的昆明湖畔有一道艺术长廊，湖上有一道十七孔桥。当紫禁城中酷暑难耐时，皇帝和随行人员经常前往这个美丽的地方避暑。颐和园始建于18世纪，之后历经数次扩建，两次被欧洲军队摧毁①，1902年由慈禧太后下令重建。颐和园的设计既具备行政功能，又可满足宫廷生活和娱乐的需要。园中景观遵循中国古典园林建筑规范，设有人工湖、小运河、手工堆砌的岩石假山和各种奇花异草。

① 编者注：1860年，颐和园（当时名为"清漪园"）被英法联军焚毁；1900年，颐和园又遭"八国联军"破坏，珍宝被劫掠一空。

斯卡拉歌剧院

意大利·米兰

1776－1778年

斯卡拉歌剧院是米兰著名的歌剧院，因其音响效果卓越不凡，被誉为"世界上最好的歌剧院"。歌剧院的修筑要归功于奥地利女大公玛丽亚·特蕾西亚。1776年，一场大火将老斯卡拉歌剧院化为灰烬，随后，新古典主义建筑师——朱塞佩·皮尔马里尼承担了新斯卡拉歌剧院的设计建造工作。1778年8月3日，斯卡拉歌剧院竣工揭幕，并以安东尼奥·萨列里的歌剧《重建欧洲》为首演。第二次世界大战期间，歌剧院遭到严重破坏，随后，其修复工程很快展开。2002年，斯卡拉歌剧院经历了全面的翻修，2004年再次完工揭幕，仍然以萨列里的歌剧《重建欧洲》为首演。如今，它是世界著名歌剧院之一。

曼谷大皇宫

泰国

1782－1785 年

1767 年，暹罗人的故都大城被缅甸人攻陷，此后，暹罗人撤回了小城市吞武里（今曼谷市区的一部分）。1782 年，昭披耶·却克里即位，史称"拉玛一世"，开启了延续至今的却克里王朝。在拉玛一世执政后第一年，他决定迁到河对面居住，于是令人在河的东岸建造了宏伟的曼谷大皇宫，宫墙周长为 1900 米，占地面积达 218400 平方米。曼谷大皇宫中最著名的建筑是玉佛寺。

国会大厦

美国·华盛顿

1793—1829 年

国会大厦是华盛顿的心脏。从政治角度来说，城市和乡村以国会大厦为中心进行规划；从地理角度来说，国会大厦圆形大厅的中央就是华盛顿城市版图的原点，整个城市以国会大厦为中轴线划分成西南到东北四个区域。它坐落在一个小山丘上，为古罗马式建筑，是华盛顿的象征，代表着人民的民主权利。国会大厦在华盛顿的城市建筑中排名第二，位居白宫之后，是美国国会参众两院的所在地。代表着自由的青铜"自由女神像"矗立在国会大厦宏伟的圆顶之上。

斋浦尔城市皇宫

印度

1799 年

斋浦尔是印度著名的旅游"金三角"（德里、阿格拉、斋浦尔）城市之一，人口超过 300 万，城市中有许多保留完好的宫殿建筑。如今，斋浦尔是印度的宝石加工中心，在珠宝首饰加工、大理石镶嵌和各种工艺品贸易方面处于领先地位。在众多的城市宫殿中，哈瓦·马哈尔宫（"风之宫"）最为独特，宫殿的外墙如同蜂巢一般，有 953 扇装饰精美的窗户，目的是让 18 世纪王室中的女性成员观看街道上的城市生活景象。

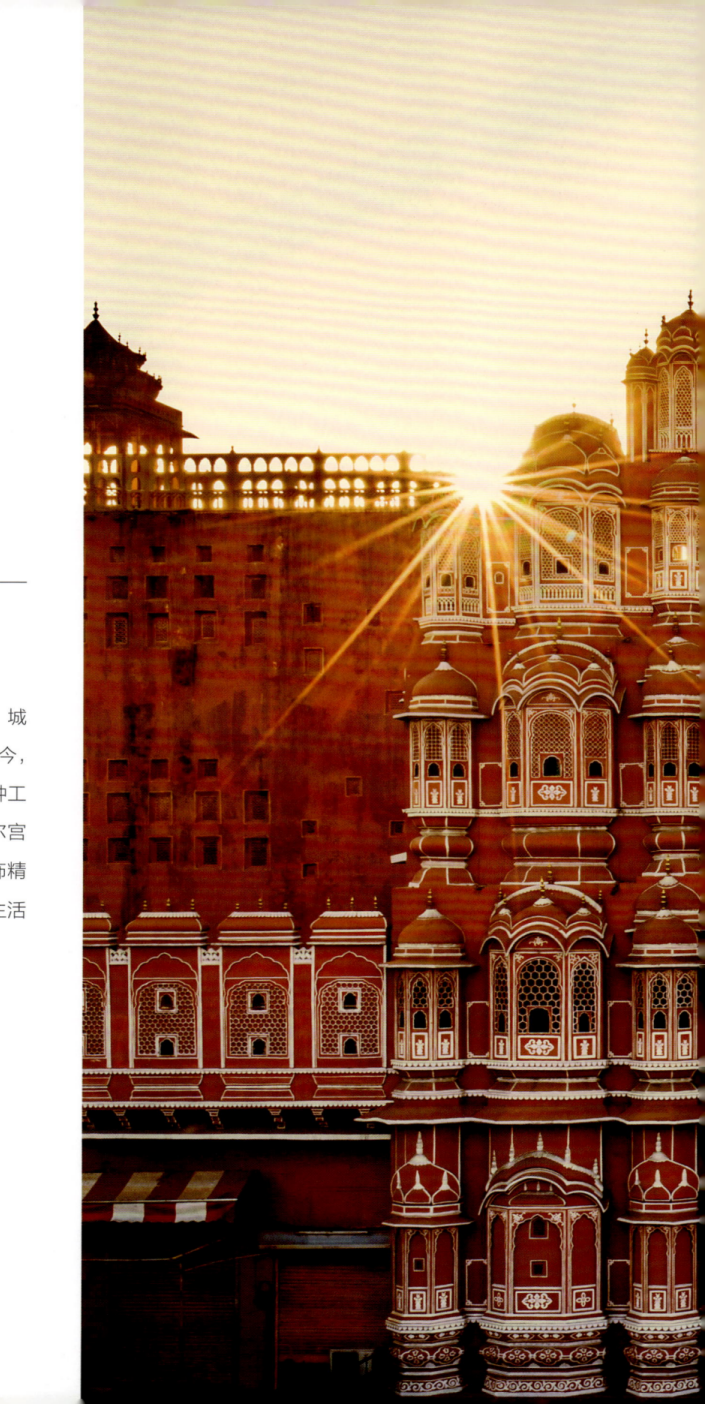

圣以撒大教堂

俄罗斯·圣彼得堡

1818—1858 年

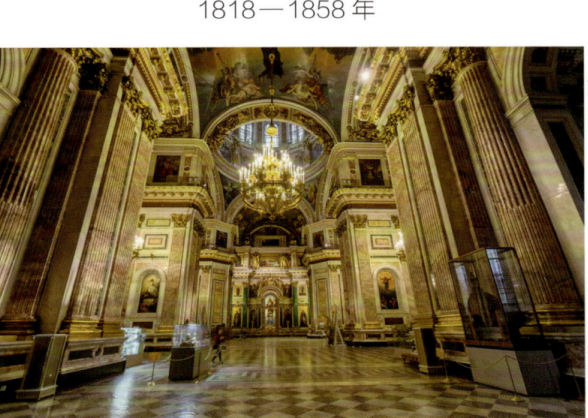

圣以撒大教堂不仅是圣彼得堡最大的教堂，也是圣彼得堡最华丽的教堂。1707年，人们在这里建造了一座供奉达尔马提亚的圣以撒的小教堂。沙皇亚历山大一世打败拿破仑后，决定将这座教堂改建为国家教堂。新古典主义建筑师奥古斯特·理查德·德·蒙费兰负责了教堂的设计工作，他以红色花岗岩和灰色大理石为原材料，历时40年才将教堂建成。这座华丽的大教堂有一个巨大的镀金穹顶和四个宏伟的门廊，教堂的雕花山墙描述了圣以撒的一生以及恩惠故事。教堂的内墙装饰有大理石浮雕、宝石和马赛克图画。

城外圣保罗大教堂

梵蒂冈城

1823－1854 年（新建筑）

罗马共有4座宗座级别的大教堂，除了圣彼得大教堂，其余3座分别是城外圣保罗大教堂、圣玛利亚·马焦雷大教堂和拉特朗宫旁边的圣约翰大教堂。只有宗座级别的大教堂才能摆放教皇宝座以及只有教皇才能举行弥撒的祭坛。如今，城外圣保罗大教堂已不再位于"城外"，而是坐落在城市中心的圣保罗广场。这座供奉使徒保罗的教堂始建于公元4世纪，那时它位于城外以南很远的地方，靠近通往奥斯提亚的古路。据说，这里是公元67年使徒保罗被斩首后下葬的地方。城外圣保罗大教堂以君士坦丁堡的圣彼得大教堂为雏形，其设计方案为五廊式教堂，但从建筑规模来看，它与君士坦丁堡的圣彼得大教堂相比，有过之而无不及。

瓦拉哈拉神殿

德国·多瑙斯陶夫

1830－1842 年

若不是因为身处丛林环抱的多瑙河河畔，人们会误以为来到了雅典的帕特农神庙。瓦拉哈拉神殿位于雷根斯堡下游的多瑙斯陶夫，事实上，它就是按照雅典卫城的帕特农神庙仿制而来的。巴伐利亚国王路德维希一世（1825－1848 年在位）决心仿建希腊古典主义的标志性建筑，并命令建筑师利奥·冯·克伦泽负责设计和施工，地址选在了上普法尔茨。上普法尔茨位于山峦之上，可远眺四周，地理位置得天独厚。瓦拉哈拉神殿于 1830－1842 年建成，它不是为了祭拜神灵，也不是为了纪念战死的英雄，而是为了纪念"伟大的日耳曼人"。维特尔斯巴赫王朝的君主①希望用大理石建筑来弘扬"德国文化"，以此来对抗拿破仑在德国的高压统治。如今，在这座被认为是"德国第一座国家纪念碑"的神殿里，摆放着 130 个半身像和 64 块纪念牌匾，以此来纪念 194 位说德语的名人以及他们的作品和成就。

① 译者注：维特尔斯巴赫王朝的君主，即路德维希一世。

维托里奥·埃马努埃莱二世长廊

意大利·米兰

1867—1877 年

维托里奥·埃马努埃莱二世长廊位于米兰大教堂北侧，是米兰最豪华的购物中心，长廊里各大品牌精品店林立，高档餐厅、酒吧和酒店繁多，店铺的上层则是精心挑选出来的工作室和公司。维托里奥·埃马努埃莱二世长廊于1867年由建筑师朱塞佩·门戈尼设计修筑，于1877年完工，被誉为"米兰人的T台"。两条玻璃屋顶的长廊呈"十"字形交汇于中间的八角形空间，八角形的中央有巨大的玻璃穹顶，顶高约50米。建筑外墙装饰着精美的大理石雕花、灰泥浮雕和壁画，长廊的地面铺成马赛克图案，十分独特。维托里奥·埃马努埃莱二世长廊规模宏伟，是现代购物广场的先祖。

维也纳国家歌剧院

奥地利

1861—1869年

维也纳能成为家喻户晓的"音乐之都"，国家歌剧院可谓功不可没：1869年5月25日，维也纳国家歌剧院以莫扎特的《唐璜》为首演，奥地利皇帝弗朗茨·约瑟夫和皇后伊丽莎白出席观看了演出。歌剧院里众星捧月，有著名指挥家马勒、施特劳斯、富特文格勒和卡拉扬等登台献艺，有歌剧院常驻管弦乐团——维也纳爱乐乐团每每晚奉献一台优美的演出，还有国际顶级的歌唱家定期来此一展歌喉。维也纳国家歌剧院每年有10个月的时间排期都非常满，从九月到次年六月，歌剧院几乎每天都会安排不同的演出，这不得不令米兰和纽约的歌剧爱好者心生羡慕。

西班牙犹太会堂

捷克·布拉格

1868—1883年

布拉格犹太社区是整个欧洲最古老、最重要的犹太社区之一，其历史可以追溯至公元10世纪。13世纪时，布拉格的犹太人主要聚集在以老新犹太会堂为中心的一个区域，后来教皇颁发了一项法令，规定犹太人必须生活在有围墙的定居点内，这个区域就变成了犹太社区。布拉格最古老的犹太会堂"老学校"（捷克语"Staró skola"）始建于12世纪，15世纪和16世纪时逐渐成为塞法迪犹太人的宗教中心。为了纪念他们，设计师伊格纳兹·乌曼采用摩尔式装饰风格修筑了西班牙犹太会堂，以取代老新犹太会堂。

新天鹅堡

德国·菲森

1869—1892 年

新天鹅堡是按照国王路德维希二世的梦想所设计的建筑，是一座梦幻般的城堡。1869年，路德维希二世将城堡的设计工作委托给了剧院布景设计师克里斯蒂安·扬克。这座城堡坐落在阿默山脉狭长的山脊上，风格取自古老的骑士城堡。五层高的城堡主楼与艾森纳赫的瓦特堡极为相似，但它远不止是一件复制品，它比后者更加奢华和美丽。在城堡的房间和走廊里，瓦格纳的歌剧元素随处可见，而城堡的内部装饰展示出了它真正的魅力，折中主义的装饰风格与遍布城堡的戏剧元素交织，犹如歌剧舞台布景一般，而这正是按照路德维希二世的梦想而创造的。

伦敦自然史博物馆

英国·伦敦

1873－1881 年

乍一看，伦敦自然史博物馆与其他同类博物馆没有太大区别，也许唯一的不同之处就在于博物馆规模之宏大和馆藏之丰富非其他同类博物馆可比。同类风格的自然史博物馆起源于19世纪，通常都陈列着用皮草填充或化学试剂浸制的动物标本、动物骨骼化石或仿制的动物模型，这座博物馆也不例外。然而，伦敦自然史博物馆藏有逾7000万件标本，涵盖地球上的整个自然史，是当之无愧的自然宝库。

布鲁克林大桥

美国·纽约

1870－1883年

布鲁克林大桥横跨东河，连接着纽约的曼哈顿和布鲁克林。它历经多年修筑，于1883年落成通车，总长度为1825米。当时，有人质疑这座大桥的稳定性，为了说服质疑者，巴纳姆马戏团派出了一群大象从大桥上走过。该建筑的规划者是德国建筑师约翰·奥古斯特·罗布林，然而大桥动工后不久，他就在一次事故中不幸丧生。他去世后，其儿子华盛顿和儿媳艾米莉继续监督大桥的施工。这座划时代的大桥是第一座使用钢缆搭建的悬索桥，这种设计在当时面临了巨大的挑战，整座桥共使用了约2.4万千米的钢索。

维也纳艺术史博物馆

奥地利

1870－1891 年

维也纳艺术史博物馆和维也纳自然史博物馆建于19世纪70年代，位于维也纳环城大道旁，是两座完全对称的建筑。建筑师戈特弗里德·森佩尔和卡尔·冯·哈森瑙尔共同设计完成了这两座博物馆。博物馆"双胞胎"的左边——维也纳艺术史博物馆藏有无数杰出的绘画作品。从杜勒、布鲁盖尔、伦勃朗、鲁本斯，到委拉拉克斯、提香和丁托列托，几乎所有大师的代表作品在这里都有一席之地。除绘画外，维也纳艺术史博物馆还有纪念章和货币部、古典艺术部、埃及和东方部。雕刻和装饰艺术部还收藏了独特的馆藏——罗马帝国皇帝鲁道夫二世和奥地利大公斐迪南二世"艺术室"的稀世珍宝。

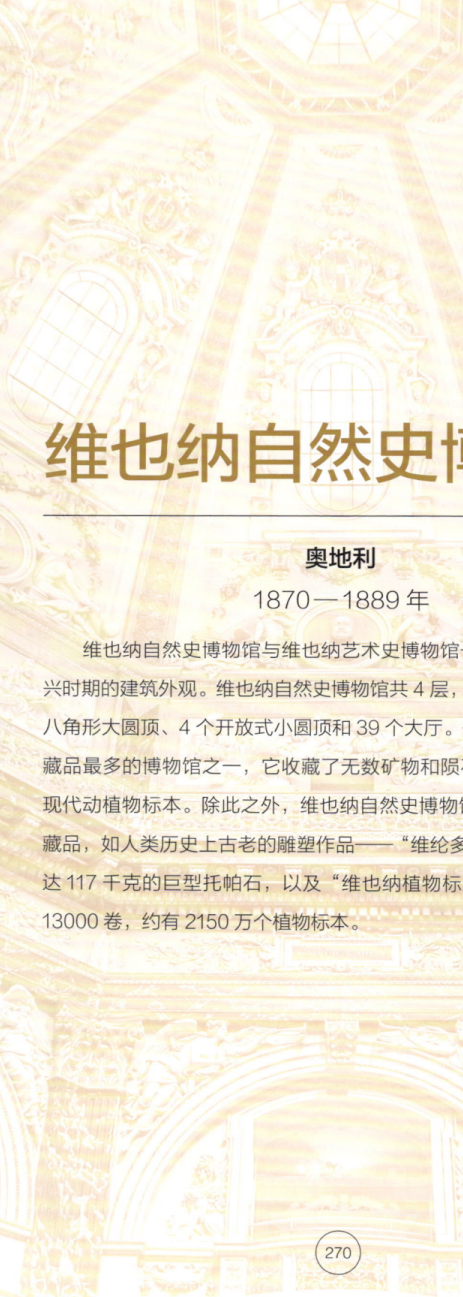

维也纳自然史博物馆

奥地利

1870—1889 年

维也纳自然史博物馆与维也纳艺术史博物馆一样，具有新文艺复兴时期的建筑外观。维也纳自然史博物馆共4层，有2个内庭院、1个八角形大圆顶、4个开放式小圆顶和39个大厅。作为欧洲自然科学收藏品最多的博物馆之一，它收藏了无数矿物和陨石、化石、骨骼以及现代动植物标本。除此之外，维也纳自然史博物馆还有许多珍贵的收藏品，如人类历史上古老的雕塑作品——"维伦多尔夫的维纳斯"，重达117千克的巨型托帕石，以及"维也纳植物标本册"——标本册共13000卷，约有2150万个植物标本。

塔桥

英国·伦敦

1886－1894 年

塔桥建成于1894年，它不仅是伦敦的地标性建筑，也是当时工程技术的重要见证。19世纪中叶，伦敦东区人口密度持续增高，人们迫切需要建设一座新桥。不过，当时所有新建的桥梁都位于伦敦桥以西，因为东区有众多的港口以及河道，建造桥梁势必会影响东区的航运。后来，人们成功地找到了一个解决方法，修筑了一座上开悬索桥。桥梁的液压升降装置靠蒸汽机驱动，在几分钟内便可升起桥面，而现在桥是用电动机升降的。

基督复活教堂

俄罗斯·圣彼得堡

1883－1907 年

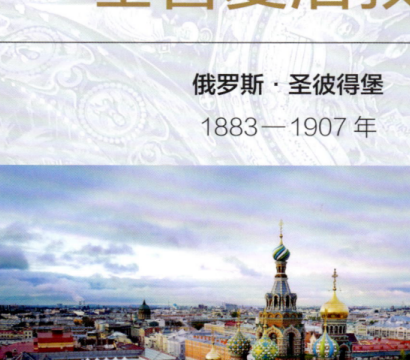

色彩斑斓的基督复活教堂高高地矗立在格里博耶多夫运河边。1881年，沙皇亚历山大二世在这里遭"人民意志"组织成员刺杀身亡。因此，这座教堂也被称为"滴血教堂"。它以莫斯科的圣瓦西里大教堂为灵感，由设计师阿尔弗雷德·帕兰德按照中世纪的俄罗斯建筑风格修筑，与其周围的古典主义建筑形成了鲜明的对比。教堂的主体建筑有5个圆顶，外墙和内墙大面积使用马赛克装饰，山墙则装饰着画家维克多·瓦斯涅佐夫的作品。这座建筑从未作为教堂使用，1997年，它作为马赛克博物馆对公众开放。

匈牙利国会大厦

匈牙利

1884－1904 年

1847 年之前，匈牙利的等级代表议会（州议会）一直在布拉迪斯拉发召开，因为 19 世纪时，这座城市还属于匈牙利。1867 年，匈牙利与奥地利达成和解，建立了奥匈帝国。此后，在布达佩斯修建一座新国会大厦的设想逐渐成形。位于多瑙河东岸的匈牙利国会大厦，与河对岸的布达城堡相对而坐，十分耀眼。它由一个中央翼楼和两个对称的侧翼组成，有 365 座小塔和 88 座雕像装饰，其新哥特式的外观还融合了巴洛克式和文艺复兴的元素。

埃菲尔铁塔

法国·巴黎

1887－1889 年

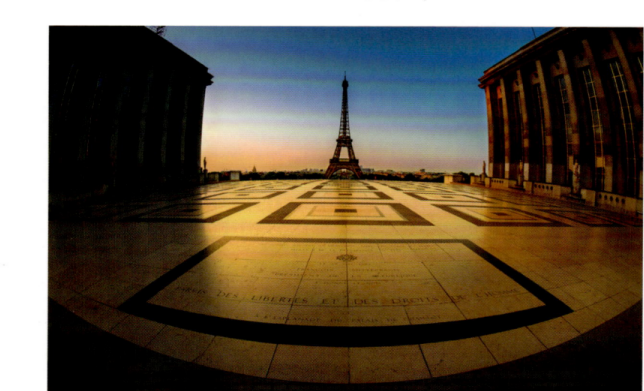

在法国人心中，法国大革命是开天辟地的，因此，1889 年为庆祝法国大革命胜利 100 周年而举办的世界博览会也应该是史无前例的。1887 年，人们开始以创纪录的速度建造当时世界上最高的建筑——埃菲尔铁塔。铁塔以其设计师古斯塔夫·埃菲尔的名字命名，是 3000 多名金属加工工人用约 2 万个预制零件和 250 万个铆钉组装而成的桁架结构铁塔。它经受住了每一次风暴袭击，使各种质疑不攻自破。从此，巴黎有了新的城市地标，而世界也有了现代建筑艺术的典范。

圣家族大教堂

西班牙·巴塞罗那

1882 年至今

圣家族大教堂于1882年3月19日奠基，初步设计为新哥特式建筑，但建筑师安东尼奥·高迪按照他的个人喜好对建筑风格稍加改动，增添了充满梦幻色彩的现代主义有机元素。这座建筑预计将于2026年——高迪逝世100周年之际完工。它目前有两个外立面：东侧的"耶稣诞生"立面和西侧的"耶稣受难"立面，而高迪在他有生之年只完成了东立面。东立面描绘了耶稣诞生的故事，西立面则以几何线条和巨大的雕像为主要特色，教堂的尖塔带有细长的线条和细丝工艺装饰。圣家族大教堂已成为巴塞罗那的地标性建筑。

加泰罗尼亚音乐宫

西班牙·巴塞罗那

1905－1908 年

美丽的加泰罗尼亚音乐宫是现代主义建筑的典范，是加泰罗尼亚民族自豪感的体现，已被联合国教科文组织列为世界文化遗产。1905－1908 年，建筑师路易斯·多梅内克·伊·蒙塔内尔为加泰罗尼亚合唱团设计建造了这座音乐宫，至今它依然属于该合唱团。这里不仅举办合唱演出，还举办器乐演出，以及摇滚和流行音乐会。建筑立面上用华丽的马赛克瓷砖呈现出寓言故事和精美图案，墙面上还可观赏到约翰·塞巴斯蒂安·巴赫、路德维希·范·贝多芬和理查德·瓦格纳等著名作曲家的半身像。礼堂的四周是一排带有华丽纹饰和雕塑的玻璃窗，而具有青春艺术风格 ^{①} 的彩色玻璃穹顶最令人惊叹。音乐宫中安装的管风琴来自德国，是 1908 年由路德维希堡的埃贝哈特·弗里德里希·瓦克尔制造的。

① 译者注：青春艺术风格是 1900 年前后西方的一种艺术创作方向。其名称来源于自 1896 年以来在慕尼黑出版的画报《青春》。青春艺术风格是在 19 世纪末、20 世纪初形成的一种艺术风格，主要表现在工艺美术、房屋的建筑和内部装潢、绘画和雕塑方面。其特点是大量采用装饰性曲线和植物或其他抽象的平面图案。

拉什莫尔山国家纪念碑

美国·南达科他州

1925－1941 年

有些人把拉什莫尔山国家纪念碑看作对神圣山脉的亵渎，而另一些人则将它视为"民主圣地"。拉科塔族印第安人曾经把这座神圣的山脉称为"六位祖父"，但自1941年开始，山脉的峭壁上便有了四尊美国总统头像，分别是乔治·华盛顿、托马斯·杰斐逊、西奥多·罗斯福和亚伯拉罕·林肯。在美国总统肖像完成7年后，雕塑家齐奥尔科夫斯基计划在附近的山崖上为印第安的英雄刻一座雕像作为回应。这尊雕像名为"疯马酋长纪念碑"，是以苏族印第安人的战士"疯马"命名的，他为捍卫印第安人的自由而英勇作战。目前，"疯马"石雕的脸部轮廓已清晰可见，整座雕像预计在50年后完成①。

① 编著注：另有说法，整座雕像的完工时间尚无法估计。

克莱斯勒大厦

美国·纽约

1928—1930 年

克莱斯勒大厦从来都不是克莱斯勒汽车制造公司的办公大楼，而是该公司的创建者——沃尔特·克莱斯勒的纪念碑，他的职业生涯始于联邦太平洋铁路的机车车间。克莱斯勒投身汽车工业后，事业蒸蒸日上，因此，他的摩天大楼也应该像他的职业生涯一样直插云霄，它必须实现两个目标——成为纽约最美丽的建筑和纽约最高的建筑。建筑师威廉·范·艾伦成功地实现了第一个目标。为了实现第二个目标，他与之前的合作伙伴克雷格·塞弗朗斯展开了一场激烈的比赛，比赛中也不乏搬出各种计策谋略，最后威廉·范·艾伦赢得了比赛，但克莱斯勒大厦"纽约最高建筑"的头衔不久就被摘走了。

帝国大厦

美国·纽约

1930—1931 年

世界贸易中心倒塌后，高443.7米、头顶一根天线的帝国大厦，再次成为纽约最高的建筑，不过它的高度后来被世界贸易中心一号楼超越。史莱夫、兰布&哈蒙建筑公司的设计师们负责了摩天大楼的设计工作，有3400多名工人参与了帝国大厦的建筑工程。1931年5月1日，时任美国总统胡佛在华盛顿的白宫按下了按钮，曼哈顿的帝国大厦瞬间灯光璀璨。虽然官方称该建筑有102层，但其中只有85层可供租用和办公，在办公空间以上的第86层是观景平台。

金门大桥

美国·旧金山

1933－1937 年

金门大桥是美国西部最引人注目的景点，大桥的核心——以艺术风格装饰的双塔跃然海上。从旧金山市的任何一处高地极目远眺，几乎都能看见金门大桥高耸的两座桥塔。这座桥梁于1937年落成，是当时世界上最长的悬索桥。项目总耗资为3500多万美元，这在当时几乎是天文数字。桥塔高出太平洋海面227米。在建筑师约瑟夫·施特劳斯的带领下，工程师们设计出了令人惊叹的钢结构，使得大桥能够经受住每小时160千米的风速。

圣约瑟夫教堂

法国·勒阿弗尔
1951—1957 年

圣约瑟夫教堂的塔楼高107米，从城市风景线上凌空腾起，更像一座美国摩天大楼而非教堂塔楼。设计者之所以将这座塔楼设计得如此之高，是因为勒阿弗尔的圣约瑟夫教堂比其他任何建筑都更能代表20世纪建筑观念的转变。这座教堂的设计师奥古斯特·佩雷曾经说过："我的混凝土比石头更美。"在勒阿弗尔，许多建筑都以城市废墟中的砖石瓦砾作为混凝土的原料之一，奥古斯特·佩雷在建造这座混凝土教堂时，也同样使用了城市的建筑废墟。教堂的1.3万个彩色窗户在整个教堂内投射出五彩斑斓的光芒，令人惊叹不已。

巴西利亚大教堂 &
国会大厦

巴西·巴西利亚

1958—1970 年 &1958—1960 年

1891 年，巴西政府决定通过向内陆迁都来促进内陆发展。新首都巴西利亚于1960 年宣告建成，其规划和建设只用了 4 年时间。奥斯卡·尼迈耶和卢西奥·科斯塔是首席建筑师和杰出的城市规划师，他们希望规划和建设一个现代的、进步的、有效运转的城市。尼迈耶设计的许多建筑都是现代建筑的杰出典范，巴西利亚大教堂和国会大厦就是他极具代表性的两件作品。

悉尼歌剧院

澳大利亚

1959－1973 年

1955 年，在澳大利亚政府发起的悉尼歌剧院设计竞赛中，名不见经传的丹麦建筑师约恩·乌松一举夺魁。他的设计非常大胆，几乎难以实现，澳大利亚政府也犹豫不决，迟迟未颁发开工令。1959 年，人们终于开始建设这座歌剧院，但仍然不确定乌松的贝壳形穹顶设计是否切实可行。最初，人们计划将混凝土整体浇筑成贝壳的形状，但这实在是太昂贵了。因此，乌松建议改用混凝土预制件拼接。贝壳穹顶的外侧贴有陶瓷瓷砖，通过螺栓固定在屋顶上。壳顶开口处的玻璃墙面由 2000 多块玻璃板镶嵌而成。

拉德芳斯大拱门

法国·巴黎

1984－1989 年

20 世纪 50 年代中期，人们开始在巴黎西部的"拉德芳斯"规划大型商业区。1958 年，新工业和技术中心大厦作为拉德芳斯新区最早落成的建筑对外开放。直至今日，该建筑仍被认为是巴黎的地标性建筑。20 世纪 70 年代，一批摩天大楼在这里拔地而起。1989 年落成揭幕的"大拱门"是建筑史上的瑰宝，它为城市西部的"历史中轴线"画上了句号。这条中轴线从卢浮宫开始，穿过凯旋门，一直延伸到拉德芳斯大拱门。

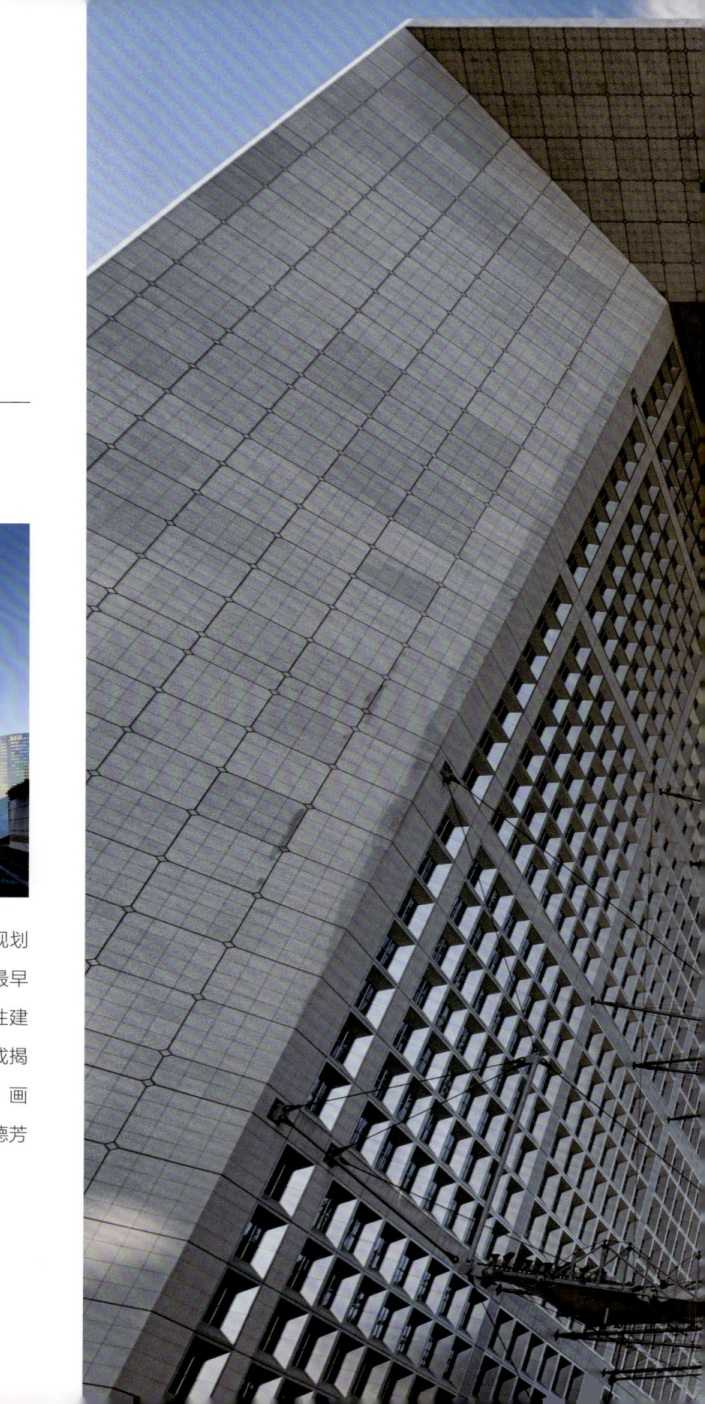

哈桑二世清真寺

摩洛哥·卡萨布兰卡

1986－1993 年

1993 年，摩洛哥国王哈桑二世亲自为卡萨布兰卡马格里布最大的清真寺举行了落成典礼。这座清真寺建在填海人造平台上，四周被海水环绕，如清水芙蓉。来自全国各地的 3000 多名手工艺人参与了清真寺的传统装饰工程。这里的马略尔卡陶瓷、石膏花饰、细木镶嵌装饰和深色雪松木雕刻，处处精雕细刻，极其精美。祈祷大厅可容纳 2.5 万名信徒祷告，210 米高的宣礼塔也可容纳 8 万人在阴凉处祈祷。一束激光从宣礼塔顶部指向麦加，告诉人们正确的朝拜方向。在摩洛哥的清真寺中，哈桑二世清真寺是唯一允许非穆斯林进寺参观的宗教场所。

东方明珠广播电视塔

中国·上海

1991－1994 年

东方明珠广播电视塔白天呈粉红色，晚上亮起来犹如宇宙飞船。这座高达 468 米的电视塔有 11 个大小不一、高度不同的圆球，因此从不同的方向来看，它会展现出不同的外观。东方明珠广播电视塔代表着纯洁无邪，它的名字"东方明珠"源于诗人白居易（772－846 年）的诗句。在诗中，他将琵琶（一种中国弦乐器）的优美音色比作玉珠相击的美妙声音。

古根海姆博物馆

西班牙·毕尔巴鄂

1991—1997 年

毕尔巴鄂通过 20 世纪的"城市改造"计划，一跃成为世界著名的艺术之都和建筑之都。1997 年，弗兰克·盖里用时 6 年建造的古根海姆博物馆落成揭幕，这座为弘扬现代艺术而建的博物馆代表了毕尔巴鄂城市建筑的巅峰。它的外观和材料都与众不同，庞大的身影犹如城市中的巨型雕塑，在远处遥遥可望。这座位于内尔维翁河畔的庞然大物已成为国际知名的现代艺术象征。鱼鳞状的钛板和帘状的玻璃墙为博物馆内部的艺术品打造出绝佳的光影效果。

双子塔

马来西亚·吉隆坡

1992－1999 年

1998－2004 年，位于马来西亚首都吉隆坡的双子塔曾是世界上最高的建筑，后来被台北101大楼（高508米）超越。双子塔的结构高度（包括塔尖）为452米。然而，这种丈量方式曾受到质疑，因为其屋顶的高度只有378米，比其他高楼要低。阿根廷建筑师塞萨尔·佩利在172米的高处设计了一座连接双塔的钢架桥，桥长58米，重约750吨，是世界上最高的空中走廊。为了防止双塔因桥的振动而受损，桥梁被架在了巨大的球形轴承上。

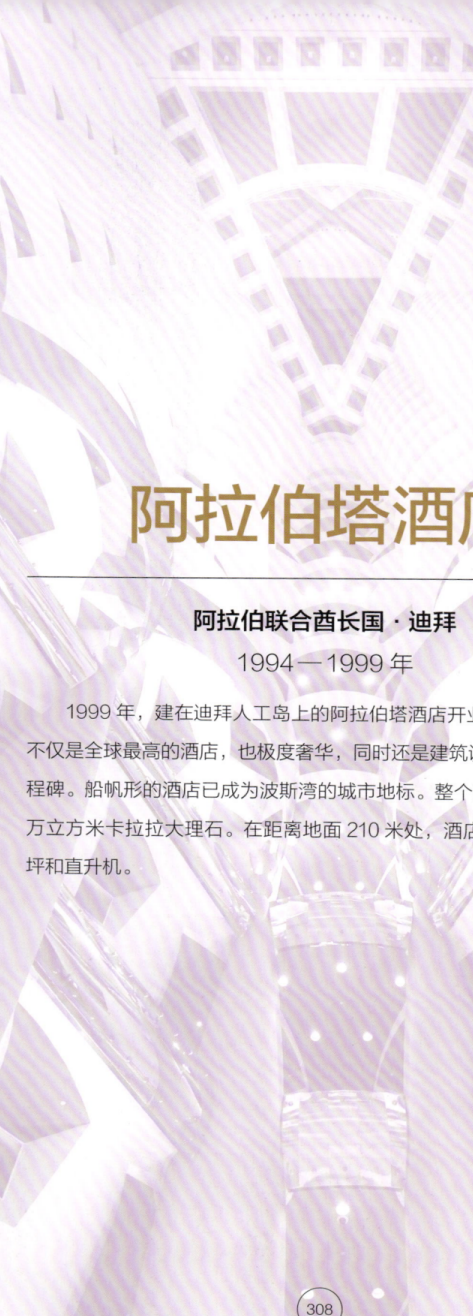

阿拉伯塔酒店

阿拉伯联合酋长国·迪拜

1994—1999 年

1999 年，建在迪拜人工岛上的阿拉伯塔酒店开业酬宾，这座酒店不仅是全球最高的酒店，也极度奢华，同时还是建筑设计史上的一座里程碑。船帆形的酒店已成为波斯湾的城市地标。整个工程共使用了 1.3 万立方米卡拉拉大理石。在距离地面 210 米处，酒店还有自己的停机坪和直升机。

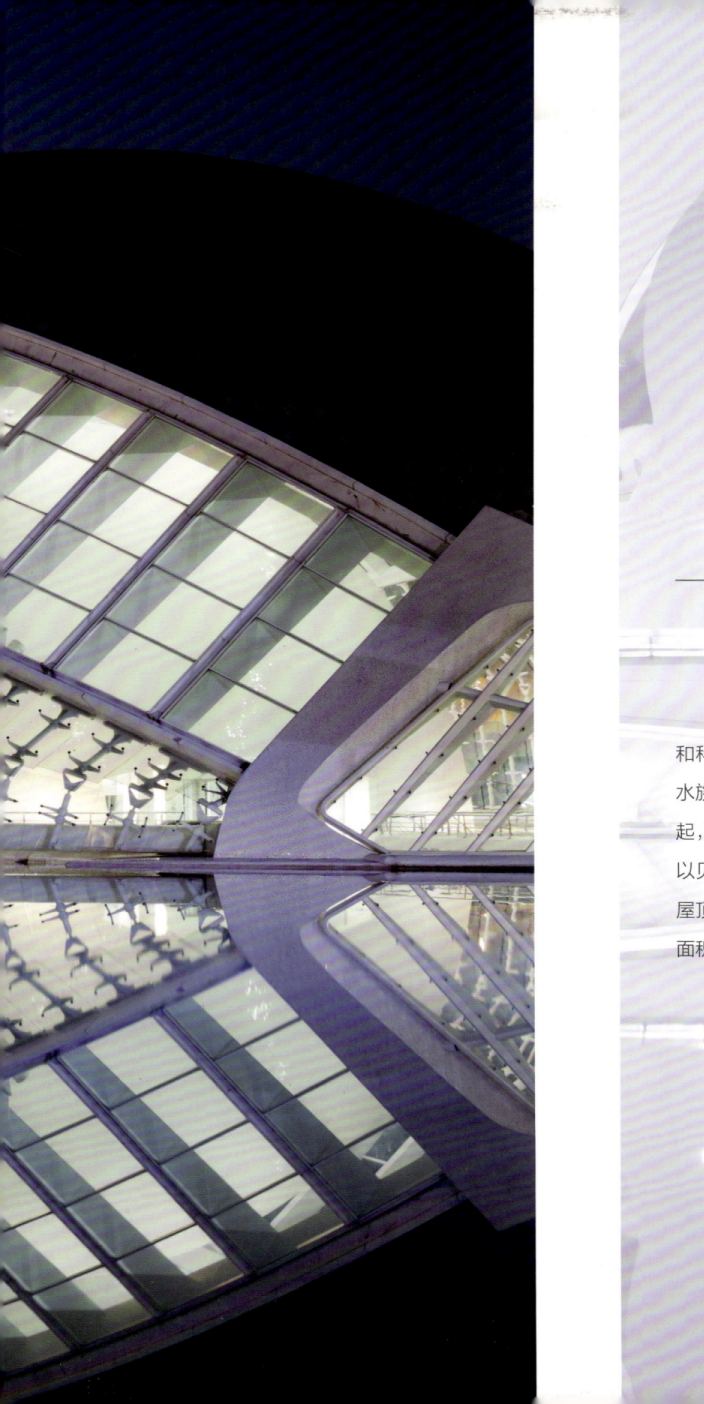

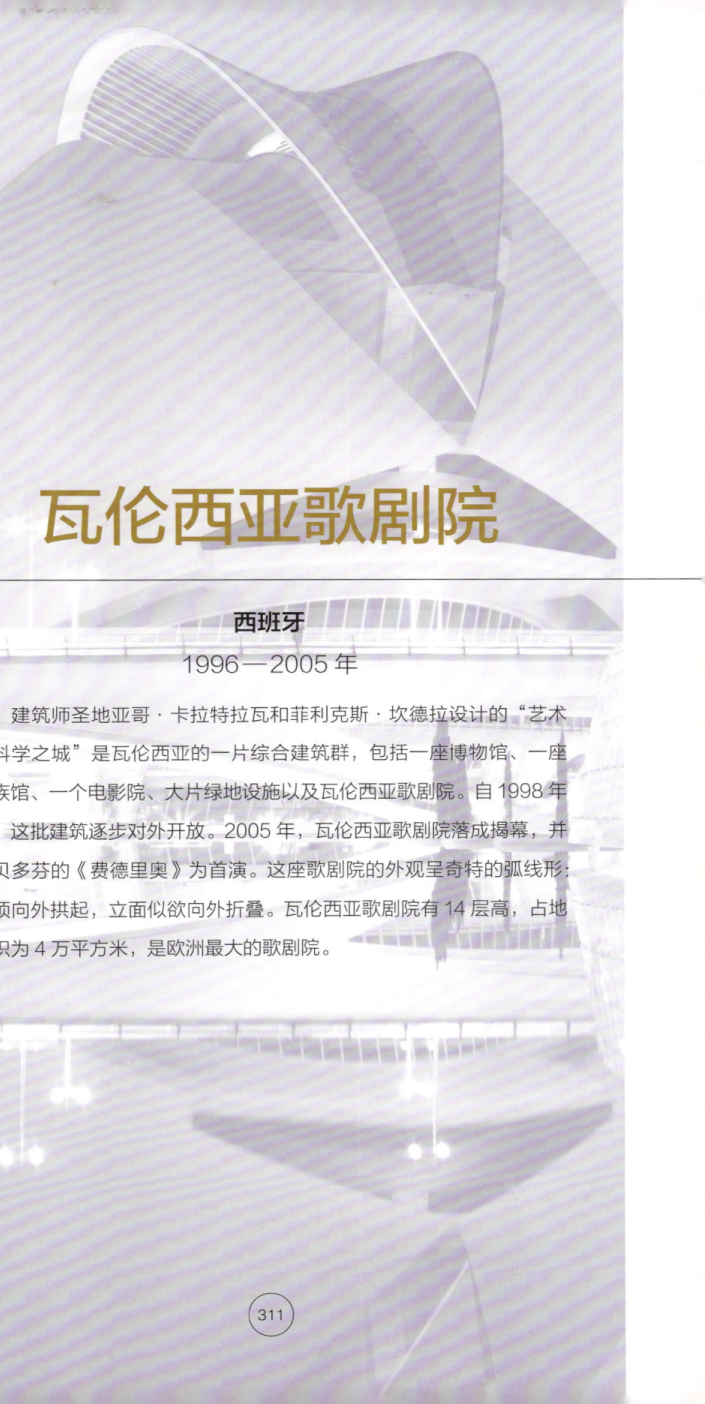

瓦伦西亚歌剧院

西班牙

1996—2005 年

建筑师圣地亚哥·卡拉特拉瓦和菲利克斯·坎德拉设计的"艺术和科学之城"是瓦伦西亚的一片综合建筑群，包括一座博物馆、一座水族馆、一个电影院、大片绿地设施以及瓦伦西亚歌剧院。自1998年起，这批建筑逐步对外开放。2005年，瓦伦西亚歌剧院落成揭幕，并以贝多芬的《费德里奥》为首演。这座歌剧院的外观呈奇特的弧线形：屋顶向外拱起，立面似欲向外折叠。瓦伦西亚歌剧院有14层高，占地面积为4万平方米，是欧洲最大的歌剧院。

上海环球金融中心

中国
2008 年建成

上海人称这座地标性建筑——上海环球金融中心为"开瓶器"。最初，这座摩天大楼的设计高度"仅"为 460 米。然而，由于 2010 年上海世界博览会对使用空间提出了更高的要求，建筑师们干脆将建筑物增加到了 101 层，高度也达到了 492 米。2008 年，这座中国当时最高的建筑物落成揭幕。

国家大剧院

中国·北京
2001—2007 年

在镜子一样的水面上，这座未来主义的国家表演艺术中心就像一颗种子，在等待合适的条件生根发芽。在这里，中国变革的力量一目了然。艺术能冲破一切阻力，音乐和戏剧永远不能被奴役。中国也在为艺术的发展创造越来越好的条件。很多人说保罗·安德鲁设计的这座椭圆形建筑像个"鸡蛋"，还有人说像"水珠"。以钛板和玻璃为装饰材料的国家大剧院，为21世纪的建筑设计树立了标杆。

奥斯陆歌剧院

挪威

2003—2008 年

古老的北欧首都以积极开放的姿态拥抱着艺术和设计。作为建筑设计杰作的奥斯陆歌剧院就是一个很好的证明。与澳大利亚的悉尼歌剧院相似，奥斯陆歌剧院也建在海港旁。它于2008年建成，在预计的工期之前完工。它的形状让人联想到漂浮在海面上的冰山。这座拥有1000多个房间的建筑是挪威自第二次世界大战以来最大的文化项目。如今，它已跻身世界著名建筑行列。这座由斯诺赫塔建筑事务所设计的歌剧院长200多米，宽110米，拥有近5万平方米的空间，作为城市的地标性建筑屡获殊荣。

谢赫扎伊德清真寺

阿拉伯联合酋长国·阿布扎比

2007 年建成

2007 年，谢赫扎伊德清真寺建成并以阿拉伯联合酋长国第一位总统的名字命名。它是世界十大清真寺之一，寺内有世界上最大的手工编织地毯和最大的吊灯。这座大清真寺的建筑面积为 3.8 万平方米，使用了许多价格昂贵的建筑材料，如白色大理石、金箔和彩色陶瓷。除此之外，墙面还镶嵌了各种珍贵的半宝石①，绚烂夺目。谢赫扎伊德清真寺拥有 40 多个穹顶和 4 个 100 多米高的尖塔，已经成为阿布扎比的地标性建筑。

① 译者注：在宝石学中，半宝石的全称是半名贵宝石，是指除名贵宝石（钻石、红宝石、蓝宝石、祖母绿）之外的天然宝石，如碧玺、水晶、青金石、托帕石（黄玉）、海蓝宝、石榴石、绿松石等。

哈利法塔

阿拉伯联合酋长国·迪拜

2004—2010 年

世界上没有任何一个地方能像迪拜这样，在如此短的时间内建造如此繁多、宏大、豪华、新颖的建筑。哈利法塔的总高度为828米，共有162层，有57部电梯和8部自动扶梯，是世界上最高的建筑：观景平台位于第124层，高452米；位于638米的电梯站是世界上最高的电梯站；位于第122层的餐厅是世界上最高的餐厅。从地面到第160层共有2909级台阶，高600米。

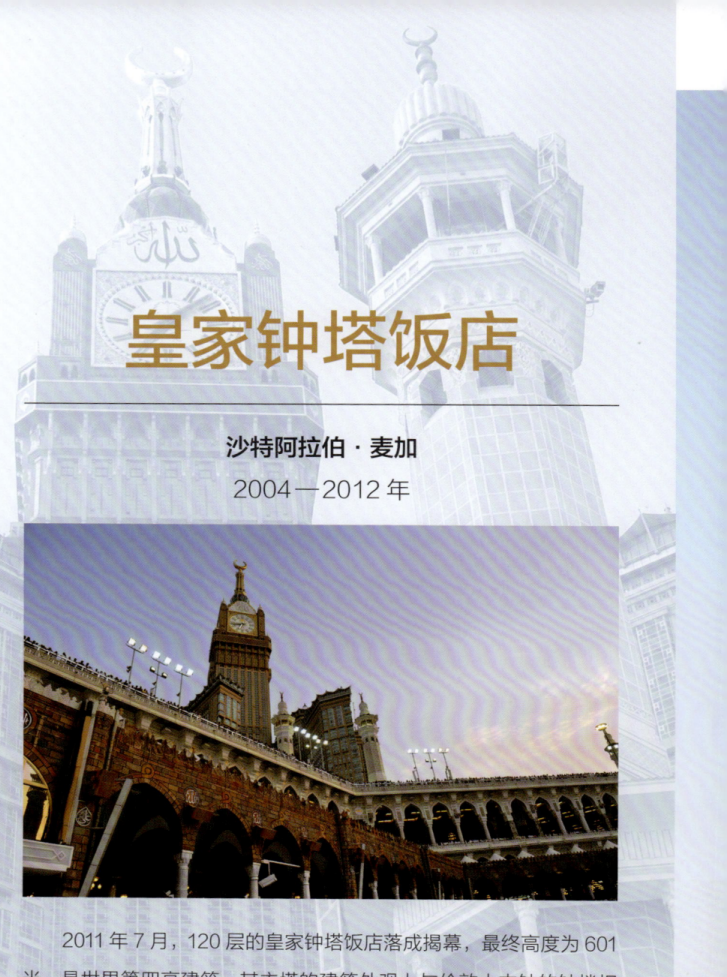

皇家钟塔饭店

沙特阿拉伯·麦加

2004—2012 年

2011 年 7 月，120 层的皇家钟塔饭店落成揭幕，最终高度为 601 米，是世界第四高建筑。其主塔的建筑外观上与伦敦大本钟的钟楼相似。钟塔的最高处是尖顶和月牙结构，人们可以进入这里的部分区域参观。此外，钟塔在 558 米的高处设有观景台、2010 年夏天安装的塔式时钟是世界上最大的钟表。皇家钟塔饭店的使用面积为 100 多万平方米，可接待 3 万多名前来麦加朝圣的信徒。

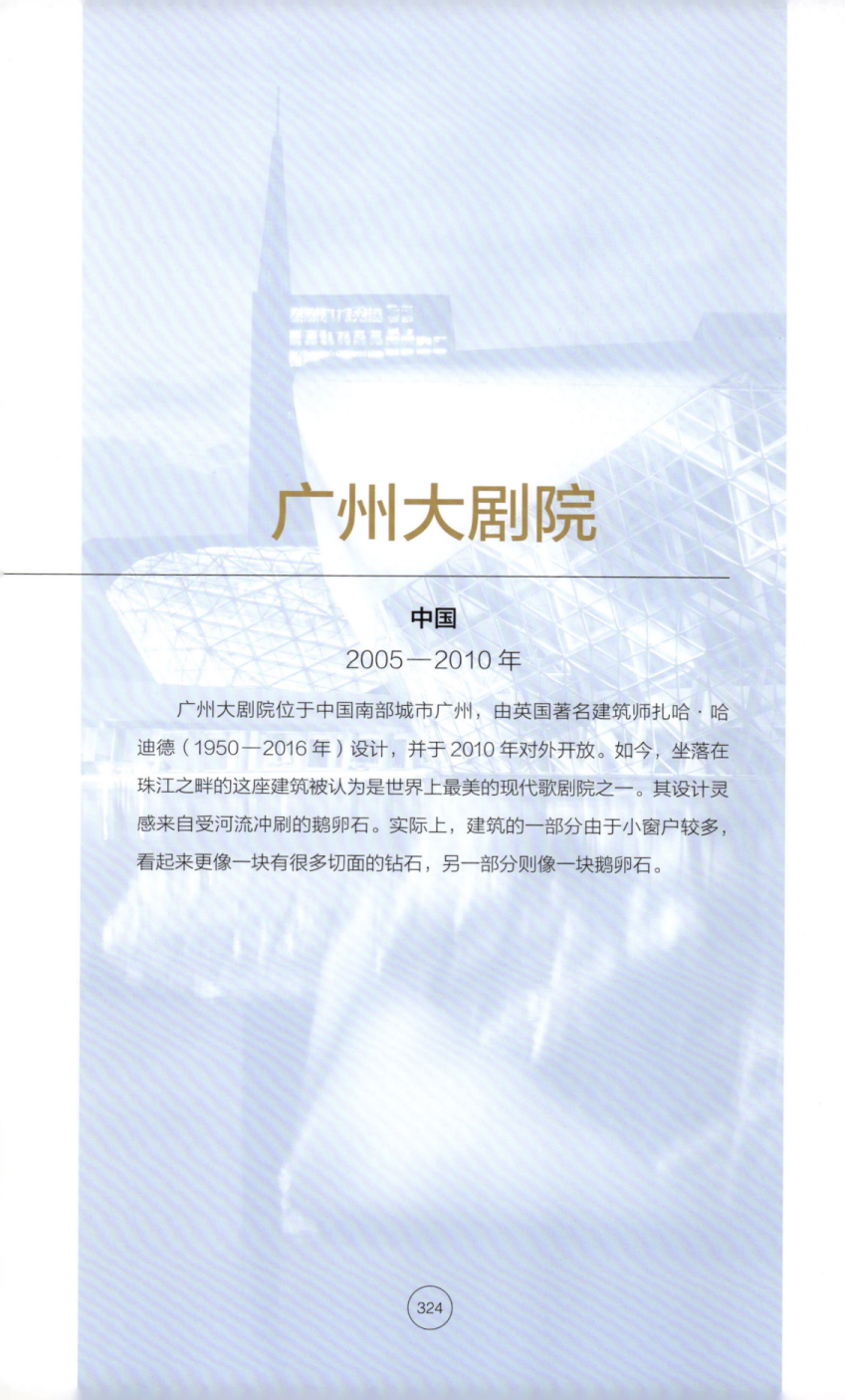

广州大剧院

中国

2005—2010 年

广州大剧院位于中国南部城市广州，由英国著名建筑师扎哈·哈迪德（1950—2016 年）设计，并于 2010 年对外开放。如今，坐落在珠江之畔的这座建筑被认为是世界上最美的现代歌剧院之一。其设计灵感来自受河流冲刷的鹅卵石。实际上，建筑的一部分由于小窗户较多，看起来更像一块有很多切面的钻石，另一部分则像一块鹅卵石。

滨海湾金沙酒店

新加坡

2006—2011 年

滨海湾金沙酒店由三座酒店塔楼组成，每座塔楼均为55层，共有2561间酒店客房。三座塔楼之间由观景平台相连，整个建筑显得非常壮观。这个被称为"空中花园"的观景平台高190米，从这里可以俯瞰整个新加坡市貌。观景平台上还设有餐厅、酒吧和一个总长度为146米的游泳池，可容纳约4000人。酒店前面还设有赌场、剧院、集会场所以及莲花形状的艺术科学博物馆。

世界贸易中心一号楼

美国·纽约

2006—2014 年

原世界贸易中心双子塔高110层，它们和其他5座建筑共同组成了一片办公楼综合体，7座办公楼通过地下区域相连相通。1974年竣工时，双子塔分别高415米和417米，是当时世界上最高的建筑。自2013年5月10日①起，也就是在"9·11"事件发生12年后，曼哈顿南端再次拥有了西方世界最高的摩天大楼。世界贸易中心一号楼高达541米，由建筑师戴维·蔡尔兹负责设计。大楼最初被命名为"自由塔"，但因其建在"9·11"事件的废墟上，最终被命名为世界贸易中心一号楼（1WTC）。

① 编者注：2013年5月10日，世界贸易中心一号楼尖顶安装完成，整幢大楼的高度达到541米。2013年11月12日，世界贸易中心一号楼正式竣工。

东京晴空塔

日本·东京

2008—2012 年

东京晴空塔高634米，它不仅是日本最高的建筑，也是东京的城市地标。如果将数字6、3、4逐个读出，得到的"Mu-sa-shi"这个词恰巧是该地区的历史旧称。2012年，该塔作为电视发射塔投入使用。塔上有若干展望台，人们可以欣赏到东京大都市和整个关东平原的壮观景色。450米高的展望台有未来主义、向外弯曲的玻璃墙，从这里可以欣赏到整个东京城的最佳景观。展望台与管状玻璃结构的回廊相连，回廊环绕着晴空塔螺旋上升，被称为"世界上最高的空中走廊"。

碎片大厦

英国·伦敦

2009—2012 年

碎片大厦高310米，是伦敦萨瑟克区的新地标。大厦于2012年7月建成，2013年2月其观景平台对外开放。这座拥有玻璃外墙的高楼在远处都遥遥可望。直冲云霄的大厦甚至比"伦敦眼"摩天轮还要高出很多。碎片大厦在规划阶段曾引发抗议，公众认为它与城市形象不符。然而现在，由伦佐·皮亚诺设计的这座72层的建筑吸引了众多有居住需求和工作需求的人，大厦同时还拥有豪华酒店、餐厅、酒吧、商店，它的一个入口还与伦敦桥火车站候车厅相连。

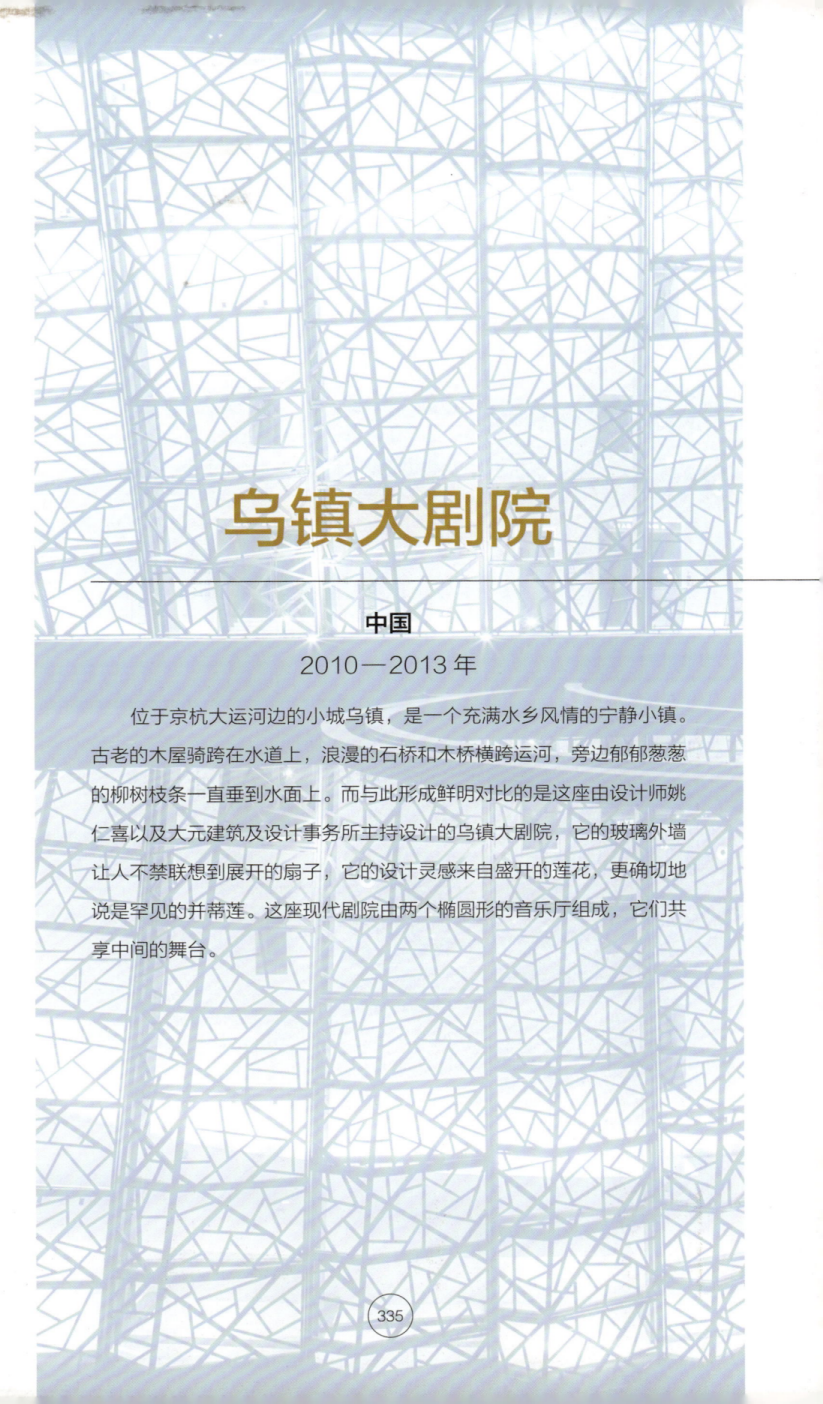

乌镇大剧院

中国

2010—2013 年

位于京杭大运河边的小城乌镇，是一个充满水乡风情的宁静小镇。古老的木屋骑跨在水道上，浪漫的石桥和木桥横跨运河，旁边郁郁葱葱的柳树枝条一直垂到水面上。而与此形成鲜明对比的是这座由设计师姚仁喜以及大元建筑及设计事务所主持设计的乌镇大剧院，它的玻璃外墙让人不禁联想到展开的扇子，它的设计灵感来自盛开的莲花，更确切地说是罕见的并蒂莲。这座现代剧院由两个椭圆形的音乐厅组成，它们共享中间的舞台。

哈尔滨大剧院

中国

2011—2015 年

哈尔滨，这座位于中国最北部的省会城市原本是一个小渔村，后来作为中东铁路的交汇点逐步发展起来。如今，哈尔滨已成为一座备受瞩目的工业化城市和大学城，这里最引人瞩目的现代建筑瑰宝便是这座哈尔滨大剧院。建筑师马岩松为这座大剧院提供了设计方案，并且仅用4年时间就完成了建设。哈尔滨大剧院被4条"飘带"环绕，建筑立面相对较低，与周围的地理环境巧妙融合，外墙可供人行走。

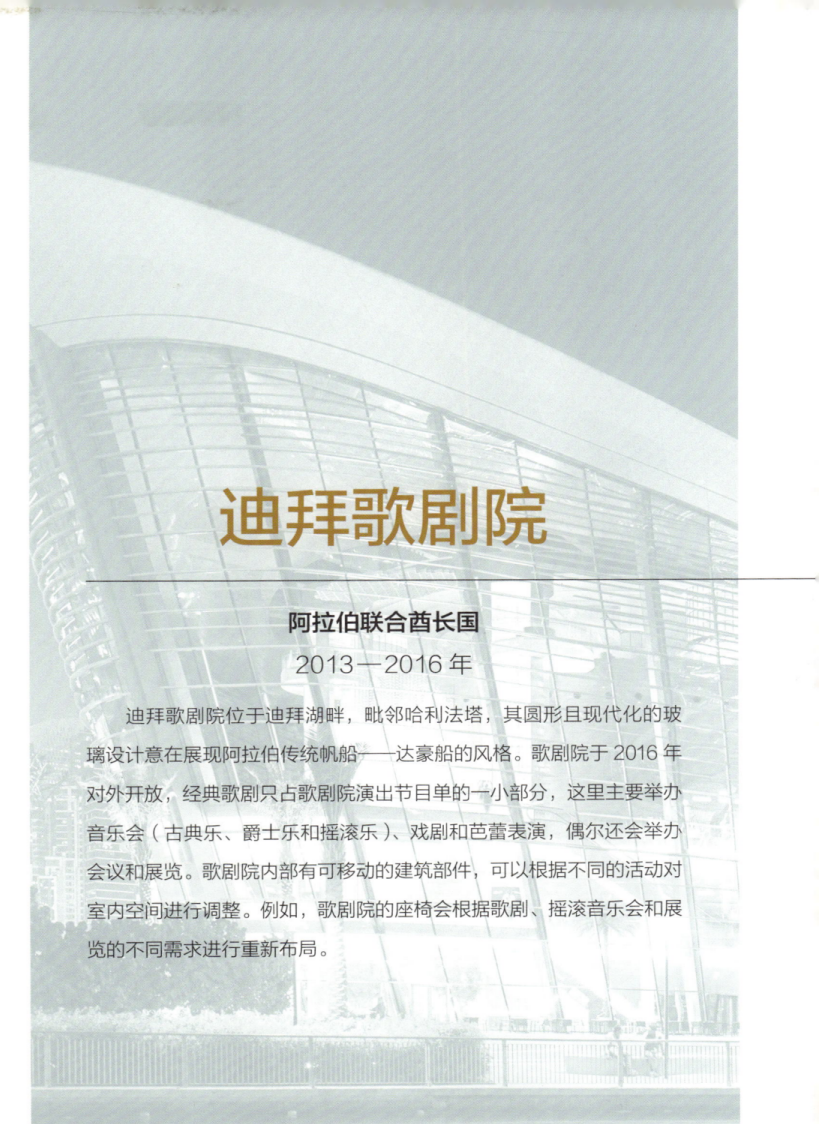

迪拜歌剧院

阿拉伯联合酋长国

2013－2016 年

迪拜歌剧院位于迪拜湖畔，毗邻哈利法塔，其圆形且现代化的玻璃设计意在展现阿拉伯传统帆船——达豪船的风格。歌剧院于2016年对外开放，经典歌剧只占歌剧院演出节目单的一小部分，这里主要举办音乐会（古典乐、爵士乐和摇滚乐）、戏剧和芭蕾表演，偶尔还会举办会议和展览。歌剧院内部有可移动的建筑部件，可以根据不同的活动对室内空间进行调整。例如，歌剧院的座椅会根据歌剧、摇滚音乐会和展览的不同需求进行重新布局。

上海保利大剧院

中国
2014 年开放

上海保利大剧院位于距离上海市中心 20 千米的嘉定区，由日本简约主义建筑师安藤忠雄主持设计，2014 年落成揭幕。这座长方形建筑矗立在两座人工湖之间，是该市第一座为公众提供湖景的剧院。它像一个被玻璃格子覆盖的混凝土立方体，有若干圆形开口，人们可以透过这些开口看到建筑内部。建筑内部则以几何形态为主，主厅可容纳 1466 人，此外还有两个较小的室外舞台，分别是水景剧场和屋顶剧场。

珠海大剧院

中国
2016 年开放

珠海大剧院的建筑面积为 5.9 万平方米，耗资约 10.8 亿元人民币，由北京市建筑设计研究院（BIAD）负责设计规划。大剧院一经落成便引起轰动，形似半开扇贝的建筑象征着太阳和月亮。在声学和视觉方面，大剧院均采用了最新的技术。它的音乐厅和小剧院分别可容纳约 1600 人和 500 人，两者通过一个露天剧场相连。除了歌剧，这里还不时上演音乐剧、芭蕾、戏剧以及音乐会。

阿布扎比卢浮宫

阿拉伯联合酋长国

2007 — 2017 年

从名称就可以看出，这座阿布扎比的艺术博物馆与巴黎的卢浮宫博物馆有关。2017 年，哈利法·本·扎耶德·阿勒纳哈扬和法国总统马克龙共同为博物馆揭幕。法国建筑师让·努维尔负责规划了这座位于萨迪亚特岛的建筑，而这里也将建成一个庞大的文化中心。参与建造的建筑师还包括诺曼·福斯特、弗兰克·盖里、安藤忠雄和扎哈·哈迪德等世界知名人士。阿布扎比卢浮宫至今已展出了从古代至 21 世纪的诸多作品。

V&A 邓迪博物馆

英国

2014 — 2018 年

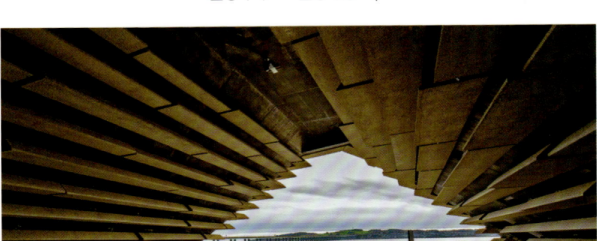

2018 年 9 月，伦敦以外唯一的维多利亚和阿尔伯特博物馆对外开放。V&A 邓迪博物馆是一座致力展示苏格兰和国际设计的博物馆，享有盛誉的日本建筑事务所隈研吾主持设计了这座博物馆。隈研吾的愿景是为城市创造一个"客厅"。此外，博物馆的设计方案还将苏格兰小镇邓迪与泰河相结合，其外墙仿照苏格兰的悬崖岩壁，由弯曲的混凝土墙承载着 2500 个长达 4 米、重达 3 吨的预制石板。

图书在版编目（CIP）数据

世界建筑遗产：人类历史上的不朽丰碑 / 德国坤特出版社编著；耿棻译．-- 北京：科学普及出版社，2024.1

书名原文：Monumental:Architektur der Jahrtausende

ISBN 978-7-110-10637-2

Ⅰ．①世… Ⅱ．①德… ②耿… Ⅲ．①建筑－文化遗产－世界－普及读物 Ⅳ．①TU-87

中国国家版本馆 CIP 数据核字（2023）第 216138 号

© 2019 Kunth Verlag
Simplified Chinese edition is arranged through Copyright Agency of China Ltd.
（本书简体中文版由中华版权代理有限公司安排引进）

著作权合同登记号：01-2023-2948

策划编辑	白 珺
责任编辑	白 珺
封面设计	红杉林文化
正文设计	中文天地
责任校对	吕传新
责任印制	徐 飞

出	**版**	科学普及出版社
发	**行**	中国科学技术出版社有限公司发行部
地	**址**	北京市海淀区中关村南大街 16 号
邮	**编**	100081
发行电话		010-62173865
传	**真**	010-62173081
网	**址**	http://www.cspbooks.com.cn

开	**本**	787mm × 1092mm 1/12
字	**数**	170 千字
印	**张**	29
版	**次**	2024 年 1 月第 1 版
印	**次**	2024 年 1 月第 1 次印刷
印	**刷**	北京顶佳世纪印刷有限公司
书	**号**	ISBN 978-7-110-10637-2 / TU · 52
定	**价**	298.00 元

（凡购买本社图书，如有缺页、倒页、脱页者，本社发行部负责调换）